U0721204

认识海洋·中国海洋意识教育丛书

● 总主编 / 盖广生

多彩海鱼

青岛出版集团 | 青岛出版社

认识海洋·中国海洋意识教育丛书

编委会

总 主 编　盖广生

本册主编　徐永江（中国水产科学研究院黄海水产研究所）

编 　 委　马继坤　马璀艳　田　娟　刘长琳

邵长伟　肖永双　胡自民　姜　鹏

徐永江　王艳娥　孙雪松　王迎春

康翠苹　郗国萍　崔　颖　丁　雪

PREFACE 前言

　　海洋比陆地更宽广，覆盖着 70% 以上的地球表面积，容纳着地球上最深的地方，见证着沧海桑田的变迁，对地球生态系统的平衡和人类的发展有着不容忽视的影响力。因此，认识海洋、掌握海洋知识显得尤为重要。本套《认识海洋》科普丛书旨在向青少年普及基本的海洋知识，激发青少年对海洋的热爱和探索之情，让青少年树立热爱海洋、保护海洋的意识。

　　《认识海洋》科普丛书共有 12 个分册，分门别类地对海洋进行了全面、系统的介绍。本丛书通俗易懂、图文并茂，实现了精神食粮和视觉盛宴的完美结合。本丛书内的《回澜·拾贝》栏目则是对知识点的拓展和延伸，在进一步诠释主题、丰富读者知识储备的同时，提升读者的阅读趣味，使读者兴致盎然。

　　打开《多彩海鱼》分册，你就像进入奇幻的海洋馆。在这里，你可以认识凶猛的鲨鱼，了解海洋里的伪装大师、发电专家等身怀绝技的鱼类，见识到像树枝的、像圆盘的千奇百怪的鱼类，观赏到珊瑚丛里穿梭的美丽鱼类……这些鱼儿朋友一定会让你眼界大开，让你爱上多彩的海底世界！

　　浩瀚的海，壮阔的洋，自由的梦。让我们一起走进美妙的海洋世界，学习海洋知识，感受海洋魅力，珍惜海洋生物，维护海洋生态平衡，用实际行动保护海洋。

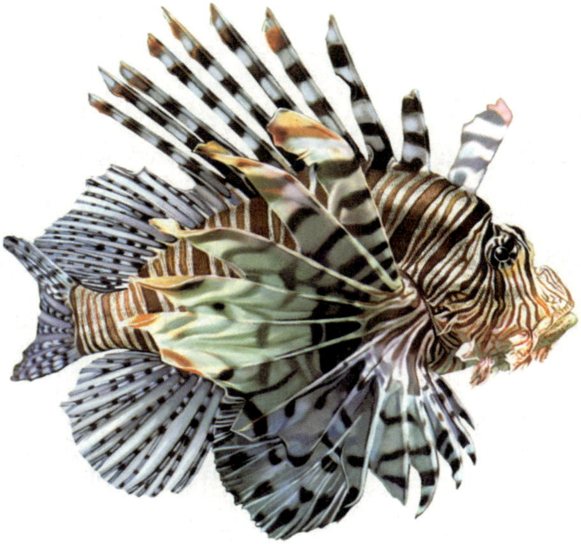

CONTENTS 目录

1

CONTENTS **目录**

PART 1

认识鱼类

在地球所有的水生环境里，几乎到处有鱼类的踪影。海洋里的鱼类更是姿态万千，让人眼界大开。本章将带你走进鱼类世界，观赏鱼类的形态，了解鱼类的习性，探秘鱼类的特技……让你更深入地认识鱼类。

走进海鱼世界

　　鱼类品种多样，根据它们生活的水域，可分为淡水鱼和海水鱼。海水鱼家族庞大，形态多样，根据形态结构、生活环境及系统发育特点，主要分为圆口纲、软骨鱼纲、硬骨鱼纲几大类别。

圆口纲

　　圆口纲鱼类是一种较为低等的脊椎动物，也是最原始的海洋鱼类。它们身体细长，体表光滑无鳞，头部没有颌，具有单独的鼻孔，嘴巴像吸盘。它们大部分属于小型或中型的鱼类，鳍不发达，运动能力较弱，过着寄生或半寄生的生活，以大型鱼类和海龟等生物为寄主。目前，世界上共有60多种圆口纲动物，如日本七鳃鳗等。

软骨鱼纲

　　软骨鱼纲鱼类的内骨骼全部为软骨，身体表面覆盖着盾鳞，头部两侧有鳃孔，体内没有鱼鳔。软骨鱼纲鱼类主要栖息在低纬度的海洋里，广泛分布于沿海乃至千米以下深海的海域。软骨鱼纲家族庞大，成员众多，目前已知的有800多种，主要为鲨鱼和鳐鱼家族。它们大部分为流线型体形，有成对的鳍，游泳技能高超；一些成员性情凶猛，具有攻击性，如大白鲨等。

奇特的呼吸方式

鲨鱼的呼吸方式主要分为口腔抽吸和撞击换气。最古老的鲨鱼通过嘴巴和鳃裂吸入与排出海水来汲取氧气，这种方式叫作"口腔抽吸"。天使鲨、须鲨等鲨鱼将这一呼吸方式保留至今。鲨鱼的近亲——鳐鱼和蝠鲼也是采用这种方式呼吸的。采用口腔抽吸呼吸方式的生物可以悠闲地在海底休息。

其实，大部分鲨鱼采用撞击换气的呼吸方式。它们在游动过程中"撞击"海水，将其吸进嘴巴，然后通过鳃裂排出，从而汲取氧气。这种呼吸方式可以节省能量，但需要鲨鱼不停地游来游去。

硬骨鱼纲

硬骨鱼纲包括的鱼类种类最为繁多。与软骨鱼纲鱼类不同，硬骨鱼纲鱼类内骨骼轻而结实，鳃部有鳃盖，尾鳍的上下两部分对称。大部分硬骨鱼体内有鱼鳔，可以通过调节鳔内气体改变浮力，实现自由沉浮。

除鲨鱼和鳐鱼外，海洋中的大部分鱼类属于硬骨鱼。无论是在沿海的珊瑚礁区，还是在深深的海底，到处可以见到硬骨鱼类在畅游。不同种类的硬骨鱼外形和习性各有千秋，让人大开眼界：有的色彩鲜艳，有的却伪装成海底的石头；有的身体扁平，有的却呈球状；有的在深海里利用发光器吸引猎物，有的却跃出海面自由飞行……

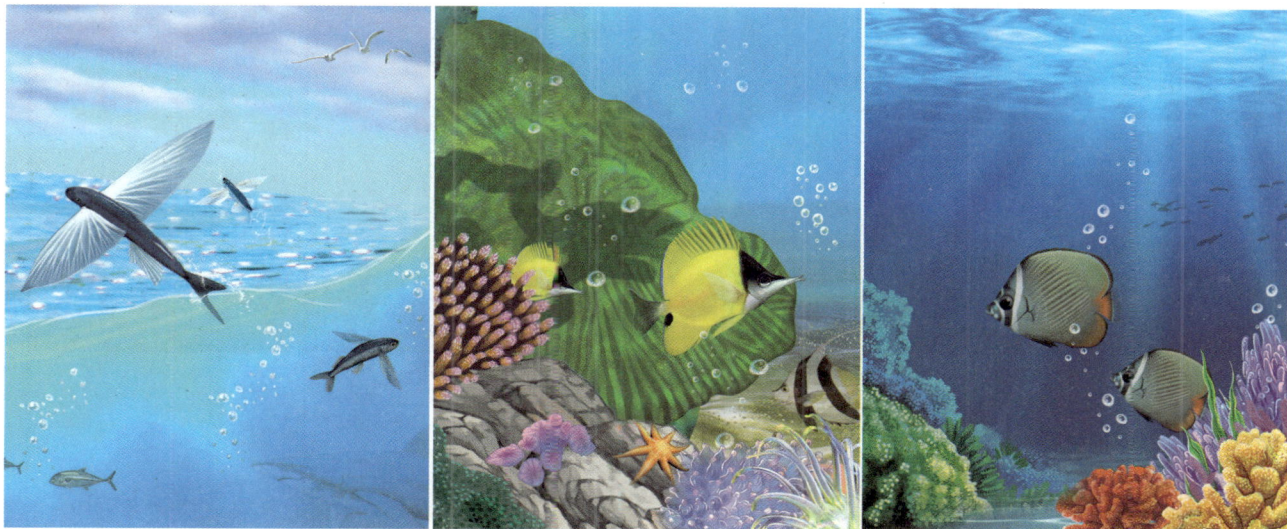

它们可不是鱼

鱼类是指生活在水域环境，用鳃呼吸，用鳍游泳，体表有鳞片的变温脊椎动物。海洋中还有一些生物，外形看起来像鱼，也称作"鱼"，如章鱼、鲸鱼，但它们并不符合鱼类的特征，因此不是鱼类。

章鱼虽然名为鱼，但从外形上与鱼类有着明显的差异。它们身体非常柔软，没有坚硬的骨骼，也没有精美别致的鳞片，属软体动物。它们各自的 8 条腕灵活而强健，可以轻松地捕捉猎物。

鲸鱼看起来像鱼类，生活在海洋里，靠鳍游泳，但它们属于哺乳动物，用肺呼吸。鲸鱼体形巨大，是海洋里的巨无霸。鲸鱼家族里的蓝鲸是地球上最大的动物，体长约为 30 米，重量可超过 200 吨。

回澜·拾贝

栖息 大部分鱼类或生活在淡水水域中，或生活在咸水水域中；少部分鱼类则在两种水域内都可以生活。

海鱼的形态

　　鱼类是海洋中非常具有特色的生物类群，用鳃呼吸，用鳍游泳。据统计，海洋鱼类有上万种，外形各异——有纺锤形、侧扁形、平扁形、圆筒形……千姿百态。它们畅游在蔚蓝的大海里，给海洋增添了无限风采。

多种多样的体形

　　大部分海洋鱼类体形呈纺锤形。这样的体形可以减小水的阻力，让其运动更加灵活、敏捷。这种体形的鱼类主要生活在中层海域，大部分成员是游泳能手，如金枪鱼、梭鱼等。一些鱼类身体扁平，看起来就像球拍，如鳐鱼、鲅鱇等。还有一些鱼类身体修长，看起来就像蛇一样，如海鳗等，不善于在海水里游动，喜欢躲在海藻丛里和珊瑚礁区，以小鱼和小虾作为食物。此外，海洋里还有箱鲀等球形鱼类、皇带鱼等带形鱼类……以上鱼类共同组成了庞大的海鱼家族。

金光闪闪的鳞片

大部分鱼类体表覆有一层金光闪闪的鳞片，看起来就像穿着华美的铠甲。鱼类的鳞片一般呈扇形，就像精致的小贝壳，可以保护鱼类身体不受外部伤害，同时还具有防止水分流失的功能。鳞片可以分为盾鳞、硬鳞、圆鳞、栉鳞几种类型。盾鳞由棘突和基板组成，摸起来就像砂纸一样。硬鳞一般呈菱形，表面有一层坚硬的闪光质。圆鳞与栉鳞属于骨质鳞，可统称为"骨鳞"。两者相比，圆鳞游离端非常光滑，看起来呈圆形，而栉鳞游离端有锯齿状突起。

盾鳞

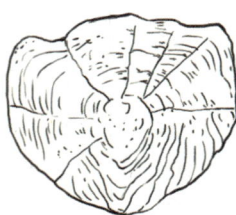
硬鳞

圆鳞

栉鳞

盾鳞鱼

硬鳞鱼

圆鳞鱼

栉鳞鱼

鱼鳍的功能

对于鱼类来说，鱼鳍就像鸟儿的翅膀一样重要。鱼类利用鱼鳍的摆动提供前进动力，控制游动方向，才能在海洋里玩耍嬉戏。鱼类的鳍分为背鳍、胸鳍、腹鳍、臀鳍、尾鳍。其中，胸鳍和腹鳍是成对的，分别位于身体两侧；背鳍、臀鳍、尾鳍各有 1 个。

背鳍主要控制游动方向，增加游动的稳定性。

胸鳍用于改变方向，同时协助尾鳍，为鱼类提供游泳动力。此外，胸鳍还具有品尝、触摸、支撑的重要功能。

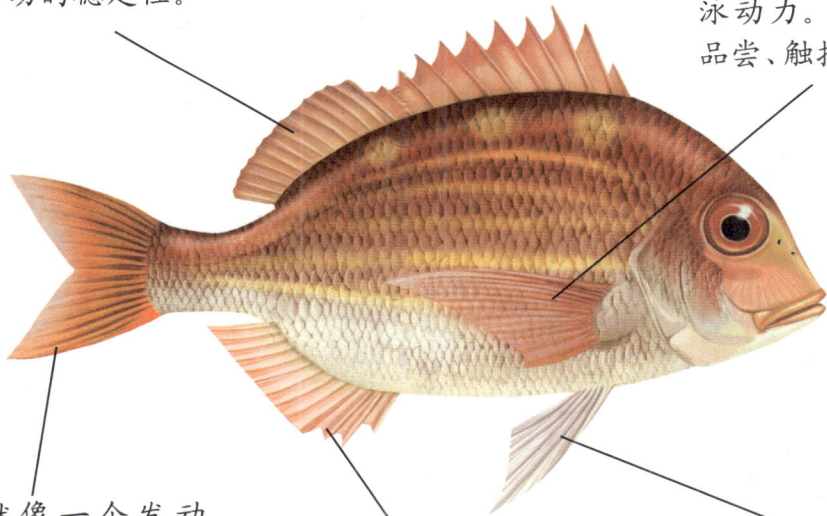

尾鳍就像一个发动机，可以为鱼类提供前进动力，让鱼类掌握前进方向、完成转弯等动作。

臀鳍是鱼类维持身体垂直的平衡器官。

腹鳍是鱼类的减速器，也可以增加游动的稳定性。

羽毛状的鳃

鳃是位于鱼类头部两侧鳃盖下的器官，外形看起来像羽毛，功能上类似于哺乳动物的肺，主要用于呼吸。在海洋里，海水进入鱼类口中后，会经过鳃的过滤再排出体外。在此过程中，鳃部可以提取出海水中的氧气，排放出鱼类呼吸产生的二氧化碳，从而保证鱼类正常的呼吸和运动。

鳃盖

鳃丝

多种多样的尾鳍

鱼类的尾鳍主要分为原型尾、歪型尾、正型尾。上下叶对称的尾鳍为原型尾，鳗鱼的尾巴就是这种类型；鲨鱼的尾鳍上叶比下叶发达，像这样的尾鳍为歪型尾；下叶比上叶发达的尾鳍即正型尾，如金枪鱼的尾鳍。

鳗鱼

金枪鱼

鲨鱼

回澜·拾贝

黏液 鱼类皮肤可分泌黏液，减小水的阻力，让鱼类能够轻松地游来游去。

牙齿 鱼的牙齿位于口腔顶部咽喉处，在舌的上方或颌内。

硬骨鱼骨骼 硬骨鱼骨骼主要由头骨、鳍骨、脊骨3个部分组成。

脊骨　背鳍　头骨

尾鳍

下颌

臀鳍　腹鳍　胸鳍

海鱼的生活习性

　　海洋世界美丽而神奇。在这样的环境中，鱼类形成了独特的生活习性。它们在海水中摄食营养物质，繁育后代。为了躲避天敌，有的鱼类成为伪装大师，有的鱼类成为用毒高手，还有的鱼类能够发光发电呢！

鱼类的食谱

　　海洋中有多种多样的生物，为鱼类提供了丰富的食材。根据口味特点，海洋鱼类可分为草食性鱼类、肉食性鱼类、杂食性鱼类。草食性鱼类是海洋里的素食主义者，喜欢以浮游藻类等海洋植物为食。但是，大部分海洋鱼类属于肉食性，喜欢吃肉，会捕猎小虾和软体动物，也会捕食其他小型鱼类，凶猛的鲨鱼甚至会攻击海豹等海洋哺乳动物。杂食性鱼类胃口比较好，对食物不挑剔，海藻、肉类都是它们的美味佳肴。

有趣的运动方式

人们通常以为鱼类是靠摆动鳍而游动的，其实并不全是这样，因为鱼鳍提供的动力只是鱼类游泳时的动力之一。游动时，鱼类需要收缩肌肉，让身体不停摆动，拍打海水，产生反作用力，同时与鱼鳍相互配合，推动身体向前游动。

鱼类家族里也有一些运动方式奇特的成员：箱鲀、海马等鱼类身体摆动不灵活，完全依靠鳍提供前进动力；鳗鱼、带鱼等完全依靠肌肉收缩提供游泳动力；鮟鱇、肩章鲨可以用鱼鳍在海底行走，捕捉猎物。

伪装技巧

海鱼家族有一些天生善于伪装的成员。它们外表看起来就像礁石或海藻，捕猎的时候会悄悄地隐藏起来，装作礁石或藻类。一些鱼类还会摆动诱饵，吸引猎物。如果有小猎物经过，它们就会突然出击，将小猎物变成腹中美味。还有一些鱼类喜欢躲在海沙下，露出两只眼睛在周围搜寻小猎物，非常有趣。

特殊技能

　　海洋环境复杂多样，其中到处是凶猛的捕食者，生存竞争非常激烈。为了适应这样的环境，一些鱼掌握了奇特的技能：有的能够发电，可以将那些大胆的捕食者击晕；有的披着坚硬的带刺铠甲，让敌人无从下口；有的则长着剧毒的尖刺，可以轻而易举将敌人击败……多种多样的技能让人称奇。

群体生活好处多

　　大部分海洋鱼类喜欢聚集在一起，组成一个巨大的群体游来游去。群体生活的方式不仅可以让小鱼共同觅食和防御捕食者，同时也为鱼类寻找伴侣带来便利。遇到捕猎者的时候，鱼群里的小鱼会快速游动，让敌人眼花缭乱。捕食者展开攻击时，小鱼就会向不同的方向逃散，从捕食者的身边游走。

鱼群组成

　　一般来说，鱼群内体形、颜色特殊的鱼类容易吸引捕食者的注意，因此鱼类喜欢加入那些与自己外表看起来相差不大的鱼群。

繁殖方式

　　海洋鱼类的繁殖方式可分为卵生、胎生、卵胎生。大部分鱼类属于卵生类型，成熟的雌鱼会将发育好的卵排在水里，进行体外受精（一些鱼类也可以体内受精），让受精卵在海水里发育成小鱼。胎生的鱼类，如灰星鲨，它们的卵会在雌鱼体内受精发育形成胚胎，雌鱼向胚胎供给部分营养物质。卵胎生的鱼类繁殖过程与胎生鱼类差不多，只不过雌鱼不会向胚胎提供营养物质。白斑星鲨、白斑角鲨等鱼类就通过这样的方式繁殖。

产卵数量

　　不同种类的鱼产卵数量相差很大。例如：一些鲨鱼每次只产几枚卵，而翻车鱼一次可以产 3 亿多粒卵。一般来说，产卵后不保护鱼卵的鱼产卵数量较大，产卵后耐心看护鱼卵的鱼产卵数量较少。

抚育小鱼

　　刚孵化出来的小鱼属于幼体。一些幼体破卵而出时就与成体外形一致，而大部分鱼类的幼体需要经过几个阶段才具备成体的外形。一些鱼类会耐心照顾自己刚孵化出来的小鱼，驱逐那些凶猛的捕食者，让小鱼顺利成长。

回澜·拾贝

洄游　　鱼群为了寻找适宜的生存环境和产卵场所，会沿着固定的路线向固定的水域迁徙。

变性　　一些鱼类在生长过程中，在基因和环境因素的影响下，可以改变性别，以更好地繁衍后代。

海鱼的生存环境

海洋鱼类家族庞大，种类繁多，栖息环境也丰富多样。从寒冷的两极海域到温暖的赤道水域，从光照充足的海洋表层到漆黑的深海底部，到处有海洋鱼类游来游去，把海洋装扮得绚丽多彩。

海水温度对鱼类的影响

鱼类属于变温动物，体温会随着生存环境温度的变化而变化。根据生存水温，海洋鱼类可以分为冷水性鱼类、温水性鱼类、暖水性鱼类。

冷水性鱼类适应的水温为0℃～20℃。它们主要分布在南北极海域、深海底层，如冰鱼、北极比目鱼。一些种类的冷水鱼体内含有抗冻蛋白，具有超强的抗冻性，能够在冰冷的海水中正常生活。

温水性鱼类主要分布在温带海域，适宜的海水温度为10℃～30℃。

暖水性鱼类主要分布在赤道附近等热带海域，环境温度为20℃～40℃。一些种类的暖水性鱼类对高温的适应能力非常强，可以在更高温度的水域内自由地游来游去。

此外，海洋中还有一些广温性鱼类，在以上温度区间都可以正常生存。

鱼类的垂直分布

在垂直方向上，海洋分为阳光层、弱光层、无光层。不同海层的海洋环境差别较大，鱼类在外形特点与生活习性上同栖息环境高度统一。一般来说，生活在上层海水的鱼类体形多为纺锤形，背部颜色与所处海域颜色相近，腹部颜色稍浅，善于在海洋里高速游动，如金枪鱼、旗鱼；生活在中层海水的鱼类体形较大，颜色较暗，多为肉食性，喜欢捕食其他种类的小鱼；生活在底层海水的鱼类大部分外形奇特，不善于游泳，视力较弱，以上层海水掉落的有机物为食，也会捕食其他小猎物。

阳光层（海面至海下 200 米）
光照充足，生活着大量藻类，营养物质充足，大部分海洋生物生活在此海域。

弱光层（海下 200 米至海下 1000 米）
海域内非常昏暗，只有少部分阳光照射，生活着鱼类等海洋动物以及一些植物。

无光层（海下 1000 米至海底）
一片漆黑，生活着少数的海洋动物。

适应海水的妙招

　　海水含有大量盐分，味道咸咸的，还有些苦涩。那么，海洋鱼类是如何适应这种环境的呢？原来，无论是硬骨鱼纲还是软骨鱼纲的海洋鱼类，都能通过肾脏和鳃等器官的调节作用，使体液渗透压与海水渗透压保持平衡。这样，它们就可以自由自在地在海洋中畅游了。

深海鱼类耐高压

　　海水越深，海水压力越大。在数千米下的深海，海水压力可以将钢铁压弯。但是，在这样极端的环境中，依然有深海鱼类生存——它们有特殊的抗压技能。深海鱼类的骨骼非常薄，但韧性好，可以自由弯曲。它们还可以通过调节体液维持体内外压力的平衡。因此，它们可以在高压的深海里悠闲地游来游去。

回澜·拾贝

　　适应　海水鱼类只适应海水环境，细胞内盐浓度较大。如果将它们放在淡水里，水分子就会进入其细胞，影响其生存。

　　温度影响　在鱼类适应的温度范围内，水温越高，鱼类生长越迅速。

早期的鱼类

作为古老的脊椎动物，鱼类在约 5 亿年前就出现在了海洋里。它们的祖先是一种无颌类动物，结构非常简单。经过不断进化，鱼类品种数量增多，成为海洋里较为强盛的家族。

无颌鱼

最早出现的原始鱼类——无颌鱼出现在约 5 亿年前，属于古老的脊椎动物。它们还没有上下颌，大部分没有牙齿，只有漏斗式的口位于身体前端。它们不会撕咬，可能只是从海泥中吸食蠕虫和小块的食物。它们没有腹鳍，但有膜质的外骨骼包裹在身体外层，所以又有"甲胄鱼类"之称。

无颌鱼

无颌鱼生活在海底世界，但游泳技能不是很强，主要依靠身体的扭动不断前进。它们没有上下颌骨，口不能有效地张合，只能靠吮吸甚至水的自然流动将食物送进嘴里食用。

半环鱼

半环鱼是一种早期的无颌鱼，体长一般不超过 30 厘米，眼睛长在头顶，头部有结实的硬壳，躯体有骨板保护，如同披有甲胄。半环鱼的尾部有尾鳍，但上叶小、下叶大，属歪型尾。它们很可能生活在海底，因为这样可以让它们随时留意上方的捕食者，并利于吸盘状的口吸食细小食物。

回澜·拾贝

最早的脊椎动物 无颌鱼类是最早的脊椎动物，其显著的特征是身体柔软、口部无颌。

鱼形生物——七鳃鳗和盲鳗

七鳃鳗和盲鳗头部都没有上下颌之分，仅有简单的吸盘状口部，是现生的最原始的无颌脊椎动物。它们既没有锋利的长牙，也没有长长的触手，却经常让大于自己身体几倍的大鱼败在自己的口下。七鳃鳗和盲鳗外形像鱼，却**不**是真正的鱼类，所以被称为"鱼形生物"。

七鳃鳗

如果不细看，许多人会以为七鳃鳗是一种蛇。它们身体像管子，嘴巴似漏斗，在头的两边——也就是眼睛的后面——各有7个分离的鳃孔，所以得名"七鳃鳗"。七鳃鳗身体上最奇特的部分要数嘴巴。它们没有下巴，嘴巴呈漏斗吸盘状，里面分布着一圈一圈锋利的牙齿，就连舌头上也长满角质的小齿。七鳃鳗的嘴巴是可怕的武器，可以吸住猎物，咬进去刮肉并吸血。

以血为食

七鳃鳗非常凶恶，摄食方式如同吸血鬼一般。它们会先用扁平的吸盘让自己附着在其他鱼类身上，然后用牙齿及舌上的齿锉破鱼体，通过舌的活塞运动吸食血肉。黑线鳕、青鱼、鲑鱼和大麻哈鱼都是七鳃鳗的受害者。

回澜·拾贝

栖息　有的七鳃鳗终身栖于淡水中；有的则为洄游型，早年栖息于海中，成长后游至淡水河流中产卵。

活化石　七鳃鳗是非常古老的生物，已经以同样的形态在海洋中生存了3亿多年，是至今仅存的少数无颌类鱼形动物之一，被称为"活化石"。

盲鳗的双眼已经退化，被皮膜遮住——这正是它们被叫作"盲鳗"的原因。不过，你可千万不要小瞧盲鳗，它们连鲨鱼都能吃掉。

"鱼盗贼"

盲鳗外形光滑柔软，身体前半段为圆柱状，后半段则较侧扁，如蛇状。盲鳗以鱼类为食，摄食时就像孙悟空钻进铁扇公主的肚子里一样，可以从鱼的鳃部钻入鱼的体内，吸食它们的血肉和内脏，最后将它们吃得只剩下骨架和空皮囊。因此，人们也称盲鳗为"鱼盗贼"。

"小鱼"吃大鱼

鲨鱼是海中霸王，但有时却会成为盲鳗的腹中美餐。盲鳗先用吸盘似的嘴吸附在鲨鱼身上，然后慢慢地向其鳃边移动。鲨鱼这时并不把盲鳗放在眼里，可当盲鳗从鳃进入鲨鱼体内时，鲨鱼再想挽救却为时已晚。盲鳗在鲨鱼腹中兴风作浪，吞食它们的内脏和肌肉，吸食它们的血液，即使鲨鱼痛苦地翻腾也无法摆脱。

回澜·拾贝

感官 盲鳗一般在100多米深的海底挖穴居住。它们用鼻子呼吸，嗅觉和嘴旁触须的触觉非常灵敏，能够正确地辨别方向、分辨物体。

黏液 盲鳗体表有特殊的腺体，可以产生厚厚的黏液。遇到敌人时，它们会用黏液使周围的海水变成半透明状，并迅速改变自己的体形，趁机逃跑。

有颌鱼

在无颌鱼类的基础上，最早的有颌鱼类也不断发展。它们的颌与头部背甲融为一体，从而形成更坚固、更有效率的进食器官——咀嚼器。原始有颌鱼类也称作"盾皮鱼"，大多是凶猛的猎食者，在泥盆纪时期盛极一时。

棘 鲨

棘鲨是已知最早的有颌脊椎动物，既有鲨类的特征，又有硬骨鱼的特征。棘鲨的外形同今天的鲨鱼类似，但它们生活在 4.3 亿年前的河流和湖泊中，而不是海里。棘鲨头小、眼大、吻短，体表覆盖有坚硬的鳞，背腹部都有尖利的棘刺支持鳍，有助于它们免受乌贼和其他鱼类的攻击。

盾皮鱼

盾皮鱼个体一般长不足 1 米，多数属中小型鱼类。它们头部、胸部均覆盖有坚硬的骨质甲片，形似盾牌，躯体的后部覆盖着鳞片。这样虽让捕食者无从下口，但也导致它们行动迟缓。盾皮鱼是凶猛的猎食者，长有巨大的颌，颌上锋利而尖锐的骨片可以切碎食物。

邓氏鱼

邓氏鱼被认为是最早的大型猎食性鱼类，体形比今天的大白鲨还要大。

邓氏鱼身长 9 米多，重量可达 4 吨，被视为当时最大的海洋猎食者。邓氏鱼有巨大的头部和令人印象深刻的颌，全身覆盖着盔甲一般的硬壳。它们对食物不会挑剔，甚至会吞食同类。邓氏鱼虽然是肉食性鱼类，但缺少真正的牙齿，取而代之的是凹凸不平的刃片，如铡刀一般，非常锐利。

回澜·拾贝

最早拥有骨骼　鱼类是地球上最早拥有骨骼的动物。
咬合力　据估计，邓氏鱼的咬合力高达每平方厘米 5300 千克。

软骨鱼类和硬骨鱼类

在演化过程中，一些古老的鱼类已经灭绝，同时不断进化出其他新的种类。泥盆纪时，软骨鱼类、硬骨鱼类逐渐兴起，并且演化形成了现代种类繁多的鱼类世界。

软骨鱼类

软骨鱼类出现在泥盆纪，在石炭纪最为繁盛，一直发展至今，进化出鲨鱼等海洋鱼类。软骨鱼类最明显的特征是骨架由软骨组成，虽然脊椎已部分骨化，但仍缺乏真正的骨骼。

硬骨鱼类

硬骨鱼类与软骨鱼类出现于同一时期，最原始的代表为古鳕类。它们身体表面覆盖着斜方形鳞片，有背鳍，具有歪型尾。硬骨鱼类的进化主要分为辐鳍鱼类和肉鳍鱼类两个方向，两者的进化历程完全不同：肉鳍鱼类进化出总鳍鱼类和肺鱼类，并且演化出其他种类的脊椎动物；辐鳍鱼类则进化成为多种多样的鱼类，成为地球水域的征服者。

回澜·拾贝

泥盆纪 又被称为"鱼类时代"，鱼形动物在这一时期较为繁盛，种类和数量增多，发展出现代鱼类。

繁荣时斯 新生代时，鱼类进入发展的全盛时代，种类繁多，成为脊椎动物中最大的类群。

离开水的鱼

为了适应早期恶劣的环境，得到更多的生存机会，一些早期的鱼类开始尝试向陆地进发。经过漫长的进化过程，它们进化出足，甚至有些鱼类能够穿越沼泽和干燥的陆地，在不同水域之间自由行动。

疣螈属和鱼石螈

从离开水的原始鱼类中，人们发现了疣螈属，在莫斯科发现了它们 3.6 亿年前的化石。这些疣螈属长约 50 厘米，尾巴较短，腹部和足长有鳞片，头是扁平的。同一时期，鱼石螈也爬上陆地。它们身体像蝾螈，头部像鱼，是鱼类及两栖类的中间生物。鱼石螈有脚，但可能不是用作行走，而是用来穿越沼泽的。

叶鳍鱼

叶鳍鱼出现在大约 3.9 亿年前。它们每个侧鳍的根部都长有厚实的肌肉。如果生活的池塘干涸了，它们就会利用短粗的肢状肉鳍蹒跚地爬上陆地，寻找尚未干涸的池塘。

回澜·拾贝

疣螈属化石　人们在莫斯科发现了疣螈属的化石，判断出这类鱼大概活跃于 3.6 亿年前。

海洋活化石——矛尾鱼

矛尾鱼是世界上仅存的总鳍鱼类，曾被认为在 7000 多万年前就已经灭绝，但 1938 年人们竟然又发现了其活体。因此，矛尾鱼又被称为"鱼类的活化石"。

独特的鳍

矛尾鱼各有 8 个肉质的鳍，胸鳍和下侧第 2 对鳍特别发达，而且能做出多种姿势，有时还做出陆生四足动物的动作。矛尾鱼的尾鳍分成上下两部分，形成奇特的矛状三角形，这也是它们得名的原因。普通鱼的鳍中没有骨骼，也没有肌肉，但是矛尾鱼的鱼鳍中却有很厚的肌肉，胸鳍和腹鳍中还分别有一段管状骨骼。

矛尾鱼的黑暗生活

矛尾鱼一般栖息在 150 ~ 400 米的深海中，最深可达 700 米。它们习惯低温、黑暗的深海环境，一旦离开这样的环境，就不容易存活。矛尾鱼由于长期生活在黑暗的环境中，眼睛已经失去作用，靠感受器捕食猎物。寻找猎物时，它们可以头向下或腹部向上游泳。

意 义

　　矛尾鱼是世界上唯一现存的总鳍鱼类，对于研究生物演化有着非常重要的作用。根据它们的形态可以推测，在远古时代，海洋环境急剧变化，一部分海洋居民尝试离水登陆，成为两栖类的祖先。矛尾鱼身上所具有的从鳍向四肢演化的特点似乎为陆上生物是由水中进化而来的理论提供了有力的佐证。

3 亿年不变的基因

　　矛尾鱼在自然界中十分罕见。至 2013 年，人们共发现 309 尾矛尾鱼。矛尾鱼还有一个特点十分罕见：与其他现存物种相比，矛尾鱼不仅外观上依然保留了百万年以前的鱼类外形，其基因在 3 亿年间也基本上未曾改变。之所以出现这种现象，可能与其生存环境的稳定性有关。

回澜·拾贝

　　食性　矛尾鱼是一种肉食性鱼类，主要猎食乌贼及其他深海鱼类。它们的新陈代谢十分缓慢，食量少得惊人，一条矛尾鱼每昼夜仅吃 10 ～ 20 克鱼肉。

　　体形　矛尾鱼全长在 1.5 米以上，体重在 50 千克以上。

　　鳞片　由于躯体覆盖着大而薄的椭圆形鳞片，鳞片露出部分具很多小嵴或疣突，因而矛尾鱼体表粗糙，体后部和鳍基部鳞较小。

　　寿命　据估算，矛尾鱼可以活 80 ～ 100 年。

　　史前鱼类是很多脊椎动物的祖先。它们大都体形巨大，堪称史前海洋里的"霸王"。在漫长的地质历史进程中，这些鱼类有的在生物大灭绝中销声匿迹了，有的繁育和发展出了许多后代。

鲨鱼和鳐鱼家族

鲨鱼是非常神秘的海洋动物之一，有的是凶猛的捕食者，有的是性情温和的大块头，具有令人惊叹的多样性。它们的近亲鳐鱼也非常奇特，有的可以发出电能，有的能够飞出海面……让人忍不住感叹大自然的神奇。

巨大的噬人鲨——大白鲨

大白鲨又称"噬人鲨"，体形巨大，拥有乌黑的眼睛、锋利的牙齿、有力的双颌以及敏锐的感官，具有攻击性，甚至会袭击人类。大白鲨在世界各大热带及温带海域都有分布，通常生活在开放洋区，也常会进入内陆水域。

敏锐的感官

大白鲨嗅觉十分灵敏，可以嗅到1000米之外被稀释的血液气味。所以，任何在海中受伤的动物都有可能招来大白鲨的攻击。另外，大白鲨的触觉也不容小觑。它们各自的身上有几百个感觉器官，用来感觉水流的振动，侦测猎物的存在方位，距离可达到500～600米。它们甚至还能感知到猎物肌肉收缩时产生的微小电流，并准确判断出猎物的位置。

捕猎武器

锋利的牙齿是大白鲨重要的武器。它们的牙齿背面有倒钩。如果不幸被咬住，猎物就很难再挣脱。令人惊奇的是，大白鲨前面的任何一枚牙齿脱落，后面的备用牙就会移到前面进行补位。皮肤是大白鲨的另一种武器。它们的皮肤看似光滑，实际上长满小小的倒刺，使得它们的皮肤比砂纸还要粗糙。猎物一旦被它们撞一下，往往会鲜血淋漓。

牙齿

皮肤

吞食者

大白鲨喜欢捕食鱼类、海龟、海鸟、海狮、海象和海豹，偶尔也会吃鲸鱼的尸体，甚至还会吃受伤的同类。不过，它们喜欢吃的不止这些。兴奋的时候，它们见到什么就吞什么，甚至连海上的垃圾也照单全收。大白鲨的胃里有坚韧的内壁，可以保护它们的胃不被那些古怪的东西弄伤。只要饱餐一次，大白鲨往往可以坚持几个星期不再猎食。

捕食海豹

大白鲨在水中的游速最高可达每小时 69 千米。当发现海豹时，大白鲨一般会在水下发起攻击。它们会从海豹下方加速向上冲撞出水面，在巨大的躯体跃出水面时撕咬住可怜的海豹。

回澜·拾贝

体温　大白鲨的体温通常比周围的水温高，最高温度达 15℃。这样的高体温可以帮助它们提升游速，并有助于消化食物。

颜色　大白鲨腹部呈灰白色，背部则是暗灰色。可以帮助它们有效地隐藏自己，从而进行捕猎。

海中之狼——牛鲨

牛鲨壮硕如牛，鼻端又阔又平，攻击性仅次于大白鲨，是一种非常好斗的鲨鱼，甚至经常攻击人类，因此被人们称作"海中之狼"。牛鲨具有一种特殊的能力——在淡水、海水里都能生存。这使它们有更多的机会攻击人类。

灵敏的嗅觉

牛鲨的视力不是很好，但其他感官却异常灵敏。由于皮肤上有很多感觉器官，它们可以完全凭借海水的振动和声音搜索到 1000 米范围内的猎物。它们还拥有灵敏的嗅觉，可以嗅出稀释在 10 万升水里的一滴血的气味，并准确地追踪到血源的位置。

分工明确的牙齿

牛鲨的大嘴很恐怖，呈裂弧形，吻端宽圆而短，密布着锋利的牙齿。它们的上下牙齿不仅边缘长有锯齿，还各有分工：尖利的下齿齿尖直立或略外斜，便于叼住猎物，将猎物牢牢控制住；三角锯齿似的上齿用于切割、吞吃食物，可以刺穿猎物，从而撕扯猎物的皮肉。

捕食高手

牛鲨是一种伏击型的肉食性鱼类，一般喜欢在浅水区有规律地潜行，独自觅食。牛鲨攻击性很强，捕食时嗅得准、咬得快，即使是很大的猎物也不放在眼里，甚至对大白鲨也能造成致命的创伤，因此科学家把它们视为好斗的鲨鱼。牛鲨食量很大，并且完全不挑食，对海里的鱼、天上的鸟、岸边的动物都不会放过。

特殊的本领

牛鲨还具有一项很多鲨鱼没有的本领——可以在盐水和淡水两种环境中生活。牛鲨能够通过调节血液里的盐分和其他物质的含量维持渗透压的平衡，因此可以从海洋游进淡水里，或在港口、河流入海口处驻留。这使得它们更容易遇到人类，增加了对人类造成威胁的机会。

回澜·拾贝

不休息　牛鲨似乎有用不完的体力，可以不分昼夜地游来游去。
攻击性　牛鲨具有很强烈的攻击性。它们袭击人类的记录比大白鲨还要多。不过，万幸的是，绝大多数牛鲨在袭击人的时候往往只会咬一下即松口。

长相怪异的猎食者——双髻鲨

双髻鲨外形奇怪，头部左右各有 1 个突起，像古代女子的发髻——这正是它们得名的原因。双髻鲨拥有敏锐的感官，使得它们成为捕猎能手。特殊情况下，双髻鲨还会袭击人类。

奇怪的头型

双髻鲨的头部左右各有 1 个突起，每个突起上各有 1 只眼睛和 1 个鼻孔，两眼之间的距离足有 1 米远。这种独特的分布使双髻鲨两只眼的视野可以重叠在一起。另外，它们可以通过摇摆头部观测周围 360 度范围内发生的情况，并且准确判断出距离。正因为拥有如此出众的视力，双髻鲨才能轻易地捕到猎物，不会饿肚子。

敏锐的感官

双髻鲨有着特殊的优势——第六感。这归功于它们方向舵一样的头部。双髻鲨宽大的头上广泛分布着一种对电场非常敏感的感觉器官。因此就算猎物藏身于泥沙中，双髻鲨也能通过猎物发出的微弱电脉冲找到它们。

捕 食

　　双髻鲨经常在海滩附近水域、海湾和河口处出没，也会在珊瑚礁中寻找食物，魟、鳐等都是其美食菜单上的成员。双髻鲨的鼻孔远远分开，容易辨认气味，可以帮助它们轻松找到猎物。同时，它们一嘴锋利的牙齿可以让猎物胆战心惊。有时候，它们甚至敢于攻击并制服"坏脾气"的牛鲨。

攻击人类

　　在威胁人类的鲨鱼名单上，双髻鲨也在其中。世界上很多地方有双髻鲨袭击人的事件发生，但均未构成致命危险。实际上，双髻鲨和虎鲨、牛鲨不同，一般不会袭击人类，只有在受到惊吓或者出于防卫的情况下才会做出伤人的举动。

回澜·拾贝

　　繁殖　双髻鲨的生殖方式是卵胎生。雌双髻鲨的体形越大，卵的个头越大。一条体形较大的雌双髻鲨一次可以产下几十枚卵。当这些卵在雌双髻鲨体内孵化成小鲨鱼后，雌双髻鲨就开始分娩。

　　迁徙　双髻鲨夏天去温带海域避暑，冬天到热带海域避寒。每当季节更替的时候，双髻鲨都会成群结队地进行长途"旅行"。

　　危机　双髻鲨遭到人类的大量捕杀，生存现状已经变得岌岌可危。

长尾巴的鲨鱼——长尾鲨

长尾鲨与其他鲨鱼最大的区别就是其镰刀形的长尾巴。它们由于尾巴的长度大于体长的一半，因此得名"长尾鲨"。长长的尾巴是长尾鲨得意的武器，也是小鱼可怕的噩梦。

繁殖生长

长尾鲨没有明显的生殖季节。它们是卵胎生的，每胎可产下 2～4 只幼鲨。幼鲨在母体内往往就会开始残暴的掠食竞争，通过吞食其他未受精的卵或弱小的同伴为自己夺得更多的营养物质。

与众不同的武器

长尾鲨性情凶猛而且贪食，常常将鱼群驱逐到浅水区域，再挥舞着鞭子一样的长尾猛烈击水。可怕的击水声会把小鱼吓得聚成一团，有的甚至失去知觉。这时，长尾鲨便会乘虚而入，攻入猎物圈，美美地饱餐一顿。

好帮手

凶猛的长尾鲨与濑鱼之间存在着非常友好的关系。在长期的捕食过程中，长尾鲨身上不可避免地长有寄生虫。濑鱼会及时咬去它们身上的死皮和寄生虫，为它们进行身体清洁。在为长尾鲨清洁身体的同时，濑鱼也能获取食物，并得到长尾鲨的保护。

大眼长尾鲨

大眼长尾鲨长约 4 米，体重为 200 千克左右，最大的特点是眼睛很大。它们的身体呈紫灰色，胸鳍和臀鳍的边缘处颜色稍微深一些。它们喜欢在没有光照的深海里悠闲地甩着大尾巴游来游去，捕捉小虾和鱼类。

回澜·拾贝

食物 长尾鲨以乌贼与集群性鱼类（如鲱鱼、沙丁鱼等）为食，偶尔也会吃甲壳类及海鸟。

胸鳍 长尾鲨的胸鳍很大，有助于操纵尾巴的推力方向。

跳跃 长尾鲨快速游动时可聚集起特别大的冲力，使它们能够直接跳出水面。

迅猛的猎手——灰鲭鲨

灰鲭鲨又叫"尖吻鲭鲨"，以惊人的速度和高超的跃起能力为人熟知。迅猛的速度是灰鲭鲨的"必杀技"。由于游行速度非常快，它们往往可以追上其他捕食者追不上的猎物。

活 动

灰鲭鲨是一种暖水性上层鱼类，经常在海面至水深 150 米之间的水域活动。灰鲭鲨的游泳速度约为每小时 50 千米，也有报告称其速度可达每小时 96 千米。灰鲭鲨不仅是游泳健将，还是跳高能手。它们跃起的高度可达 9 米。据说，灰鲭鲨曾经跳上垂钓的渔船。

习 性

灰鲭鲨性情凶猛，以金枪鱼、旗鱼等鱼类为食。它们很擅长打恶战，有时还会攻击其他鲨鱼。灰鲭鲨为卵胎生，有手足相残的习性。发育良好的幼灰鲭鲨会吃掉鲨鱼妈妈子宫中发育不好的同胞。另外，灰鲭鲨有袭击船只的情况。因此，对于渔民而言，它们是比较危险的鲨鱼。据说，灰鲭鲨3分钟就可以咬沉一艘小船。

回澜·拾贝

创伤 灰鲭鲨喜欢捕食旗鱼，但在捕食时也会招致一些麻烦。据说，一些被捕获的灰鲭鲨身上有被旗鱼造成的创伤。

恒温鲨鱼 灰鲭鲨是4种恒温鲨鱼之一，分布在温带及热带的离岸海域。它们的体温会一直高于周围海水的温度。这样可帮助灰鲭鲨在追捕硬骨鱼、海豚、乌贼和其他鲨鱼时获得更快的加速度。

会隐形的鲨鱼——天使鲨、叶须鲨

天使鲨的腹鳍看上去就像翅膀一样，因此它们得到"天使鲨"这个动听的名字。但是，千万不要被这个美丽的名字欺骗，它们如同海中的魔鬼，随时准备向猎物发起攻击。

形态特征

天使鲨平均体长为 1.5 米，很像大型虹鱼，但实际上是一种头部很大、身体十分扁平的鲨鱼。它们腹鳍很大，像翅膀一样，没有臀鳍，背鳍都十分靠后，尾鳍的下半叶十分明显；背部为灰棕色，散布着棕色斑点，腹部接近白色。

隐藏自己

天使鲨一般活动在海底的泥沙里，周围伴有岩石或海藻林。它们不善于长距离游动，喜欢在夜间活动。它们的头顶有独特的呼吸孔。当藏在沙子中时，天使鲨可以通过呼吸孔将水吸入完成呼吸。因此，天使鲨经常一动不动地隐藏在沙子里静候猎物。当猎物到来时，天使鲨会以惊人的速度将其捕获。对猎物来说，隐藏的天使鲨就是死亡陷阱。

回澜·拾贝

活动 天使鲨喜欢在夜晚活动，主要分布在太平洋东部。

食物 天使鲨是肉食性鱼类，主要食物是底栖鱼类和乌贼。

繁殖 天使鲨是卵胎生鱼类，幼鲨在雌鲨腹中孕育 9 ~ 10 个月后产下。每只雌鲨可产幼鲨 6 ~ 10 只。

叶须鲨或许是最会伪装的鲨鱼。它们嘴边的皮肤上有小植物似的突出物，身体像地毯，看起来更像是海洋中的植物或是海底的岩石。

具有侵略性

叶须鲨白天休息，到了晚上才会出来捕捉食物。它们具有侵略性，往往在猎物还没发现时就已经悄悄靠近，然后用锋利的牙齿将猎物咬住。

回澜·拾贝

食物　叶须鲨生活在海底，以鱼类、软体动物和甲壳类动物等为食。

发怒　叶须鲨受到挑衅或被环绕的时候会非常凶猛，有时会攻击人类。

形态特征　叶须鲨身体较宽，呈平扁形，体表有花纹，生活在海底。

慢动作的侵略者——远洋白鳍鲨

远洋白鳍鲨是一种远洋鲨鱼，因鳍的外缘镶着白边而得名。远洋白鳍鲨虽然行动缓慢，但侵略性很强，对于海难或海上空难的幸存者来说非常危险。

活动

远洋白鳍鲨大部分时间活动在海洋中较浅的地方，最多深至150米，并且大多会居住在离岸较远的海洋中。它们比较喜欢20℃～28℃之间的水温，如果水温较低，就会离开。远洋白鳍鲨游泳速度很慢，但它们白天和夜晚都很活跃，是著名的随船鲨鱼。

摄食

在发现食物时，远洋白鳍鲨会谨慎地紧紧跟随，并保持一定的安全距离。它们游速不快，却可以突然爆发力量，进行短距离高速冲刺，在适当的时机捕获猎物。

虽然远洋白鳍鲨喜欢"独处"，但是它们经常跟随海豚或领航鲸等动物，从而获取猎物。它们会把握任何进食的机会。当大量的食物出现时，它们就会聚成一群觅食。

回澜·拾贝

危险分子　远洋白鳍鲨往往会攻击海上船难和空难的幸存者，对人类构成生命威胁。

瞬膜　远洋白鳍鲨眼部结构的瞬膜是一种半透明的眼睑，能够拉伸遮住角膜，从而起到保护眼球的作用。瞬膜是真鲨目鲨鱼的特征。

庞大却无害的鲨鱼——

鲸鲨、姥鲨和巨口鲨

鲸鲨、姥鲨和巨口鲨都是巨型鲨，有三大的身躯和大大的嘴巴。它们虽然被称为鲨，但性情温和，不攻击人类，以浮游生物为食。目前，这3种鲨鱼都已被列入濒危物种的行列。

栖息环境

鲸鲨喜欢温暖的海洋环境，主要分布在热带和温带的近海海域，通常在海洋的中上层活动。有时候，鲸鲨也会进入珊瑚礁区、海岸附近海域。鲸鲨分布密度最高的海域是菲律宾宿雾索贡浅海。每当天气转暖时，鲸鲨往往会聚集在这里。

捕食方式

鲸鲨以浮游甲壳类、软体动物和小型鱼类为食，也会吞下体形稍大的鱼类，如马鲛鱼。鲸鲨有很多牙齿，但是并不用来捕食。鲸鲨是一种滤食性鱼类。在高密度的浮游生物区域，鲸鲨会大口吞下海水，然后用鳃滤掉海水，将食物留在口中。

回澜·拾贝

最大的鱼类 鲸鲨是世界上最大的鲨鱼，也是目前世界上体形最大的鱼类。最大的鲸鲨体长可达20米。

形态 鲸鲨的身体长而粗大，呈灰褐色或蓝褐色，背上有点状和条状的花纹。如同人类的指纹，每条鲸鲨的花纹都是独一无二的。

牙齿 鲸鲨很有可能是牙齿数量最多的鲨鱼，口腔中有几千颗细小的钩状牙齿，每颗长2～3毫米，有规律地排列在上下颌。

姥鲨是较大的鲨鱼之一，体形仅次于鲸鲨。姥鲨喜欢静卧在温暖的海面上，将背部露出水面或张口游泳，舒服的样子像是在做"日光浴"。因此，姥鲨又被称为"太阳鲨"。

慢性子

姥鲨游泳的速度非常缓慢，摄食时也只有每小时 7000 米左右。而且，它们非常迟钝，就算船只靠近了也不知躲避。当然，它们也不会被鱼饵诱惑。

活 动

姥鲨一般在拂晓和黄昏时上升到海水表层，并喜欢成群结队地在海水表面缓慢巡游。天气晴朗时，它们会把背部紧贴水面，将吻端、背鳍和尾鳍上叶露出水面，或慢慢游动，张口滤食，或翻身侧卧，晒晒它们的大肚子。有时身体上吸附有鲫鱼，它们就会经常跃出水面，以将其抖落。

大得吓人的嘴

姥鲨的嘴巴张开时非常吓人，甚至可以容纳一个成人站立。其明显的鳃裂几乎环绕整个头部。捕食的时候，姥鲨会抬起吻部，放低下巴，扩宽嘴巴，形成一张巨大的网，将猎物、海水一起吸入口中，再用牙齿一样的鳃耙将海水过滤出去。

回澜·拾贝

濒危物种保护 和其他大型鲨鱼一样，姥鲨正面临灭绝的危险，原因是其低繁殖率及人类的过度捕杀。

洄游 姥鲨不会冬眠，而是全年都在活动。它们会出现季节性的迁移。在冬天，姥鲨会游几千千米去寻找食物。

巨口鲨是鲨鱼家族里稀少且最神秘的鲨鱼。巨口鲨头大嘴大，且嘴巴奇形怪状的，细牙成须状，以浮游生物为食。

巨嘴深海居民

巨口鲨一般栖息在海洋中 5 ~ 1000 米之间的水域，以深海居多，所以很少被捕获。巨口鲨似乎趁黑夜才在海面进食，白天则潜隐到海水深处。它们行动缓慢，甚至比姥鲨还要动作迟缓。

历史发现

1976 年 11 月 15 日，美国水文地理考察船意外捕获了一条长 4.5 米、重 750 千克的大鱼，而且它居然有一张宽 1 米的大口。这是人类发现的第一条巨口鲨，被保存在火奴鲁鲁博物馆。第二条巨口鲨是在 1984 年于距离加利福尼亚不远的圣卡塔林娜岛附近海域捕获的。1988—1990 年，相继又有 4 条巨口鲨被发现。

回澜·拾贝

罕见　巨口鲨是新发现的一个物种。目前，全世界发现的巨口鲨数量不到 50 条，可谓相当罕见。

亲戚　巨口鲨和大白鲨、尖吻鲭鲨都是近亲，并且同样分布很广。但是，因为栖息环境以深海居多，所以巨口鲨很少被捕获。

个头不大的鲨鱼—— 佛氏虎鲨、条纹狗鲨、长吻锯鲨和豹纹鲨

鲨鱼家族中除了有像鲸鲨一般的"大块头"，还有许多"小个子"。这些小家伙们也是鲨鱼家族的重要成员。

佛氏虎鲨

佛氏虎鲨背鳍前端各有一根尖刺，身体呈褐色，有黑色斑点。它们大多在夜间活动，白天则显得懒洋洋的。由于个头比较小，它们的天敌比较多。不过，它们也有制敌的秘密武器——背脊上的尖刺就是专门对付捕猎者的。捕猎者就算已经将它们吞进嘴里，尖刺也会让其难以下咽，只能吐出来。所以，背上的尖刺就是佛氏虎鲨最好的防御武器。

条纹狗鲨

条纹狗鲨体形较小，身体呈圆柱形，体表装饰着漂亮的条纹。其吻部圆圆的，就像狗鼻子一样，背鳍小小的，非常有趣。它们平时喜欢在海床上的海藻丛里玩耍，捕捉小鱼和小虾，有时候也躲在礁石附近休息。

狗鲨种类

狗鲨是角鲨科、猫鲨科、皱唇鲨科几种小型鲨鱼的统称。白斑角鲨是角鲨科的代表科。它们没有臀鳍，但背鳍上长着刺。这种鲨鱼经常集群捕食小鱼等猎物。猫鲨科中的大斑猫鲨和小斑猫鲨是常见的可食用种类。皱唇鲨科中为人所熟悉的是玲珑星鲨，广泛用于解剖教学和科学实验。

长吻锯鲨

长吻锯鲨拥有很长的吻，吻两侧有锯齿一样的突起——这正是它们得名的原因。长吻锯鲨的幼鲨在出生的时候，吻的突起是往后折叠的，因此不会伤到鲨鱼妈妈。

吻是重要武器

长吻锯鲨吻上的气孔可以感知其他动物释放的电流，即便猎物埋在泥沙里也不例外。发现猎物后，长吻锯鲨会先用吻击晕猎物，然后再慢慢享用。长吻锯鲨的触须也是它们的好帮手，有助于它们在水底搜寻食物。

豹纹鲨

豹纹鲨身体遍布浅褐色的斑点，像豹纹一样。它们正是因此而得名。但是，在幼年时期，它们身上覆满粗大的黑白条纹。这时它们被称为"斑马纹鲨"。

豹纹鲨是一种暖水性底栖鱼类，白天行动迟缓，夜晚出来捕食猎物。它们虽然平时性情温顺，但是如果被激怒，就会发起攻击。

回澜·拾贝

体形 豹纹鲨体形与众不同，整体修长，体侧有显著的棱状突起。其长长的尾鳍约占体长的一半。这有利于它们在礁石缝隙间自由游动，寻找食物。

保护 出于捕食和自我保护的需要，狗鲨就像变色龙一样，体色会根据周围环境的变化而变化。

尾鳍 豹纹鲨尾鳍很长，等于或超过体长的1/2。

鲨鱼的近亲——鳐鱼

鳐鱼又叫"平鲨"，虽然模样与多数鲨鱼相差很远，却是鲨鱼的近亲。鳐鱼和鲨鱼一样，没有鱼鳔。它们在海水中游泳时，主要依靠胸鳍做优美的波浪状摆动而前进。

独特的身体结构

鳐鱼身体扁平，眼睛长在头部上方，便于观测水面上的情况；嘴和鳃裂长在身体下方，便于取食海底的食物。鳐鱼的头和身体没有界限，身体周围长着一圈宽大的胸鳍，身体看上去像巨大的蒲扇。它们尾部长着毒刺，尾鳍像又细又长的鞭子。

性 情

鳐鱼并不凶悍，也不会主动袭击人。不过，许多鳐鱼是不爱游动的底栖鱼。如果游泳的人不小心惊扰了它们，它们就会用尾巴上强壮而坚硬的毒刺（多数鳐鱼具有）刺向来犯者。一旦被刺中，伤口会疼痛难忍，如果抢救不及时，伤者甚至有生命危险。

电子感应系统

鳐鱼的鼻子下侧有电子感应系统，连接着感觉神经细胞。鳐鱼就是用自身的电子感应系统搜索食物的信号并进行捕猎的。鳐鱼的食物会随着其年龄的增长而发生变化：幼年的鳐鱼喜欢吃生活在海底的动物，如蟹和龙虾；长大以后，它们喜欢猎捕乌贼等软体动物。捕食的时候，鳐鱼会卧在海底，利用特殊的闭口呼吸法尽量避免吸入泥沙。

家族成员多

鳐鱼的种类很多，全世界共发现 100 多种。体形巨大的蝠鲼和能够放电的电鳐都属于鳐鱼。线板鳐是最大的一种鳐鱼，胸鳍展开后可达 8 米，可以飞一般地在海中遨游。中国的鳐鱼主要生活在东海和南海。日本的冲绳地区是鳐鱼的重要聚居地之一，当地政府已将其列为一个参观景点。那里的水族馆设有专门的区域供人近距离观赏鳐鱼。

回澜·拾贝

鳐类 鳐鱼的胸鳍很大，像船帆一样，也非常像蝙蝠的翅膀。

体长 鳐鱼体形大小各异，小型鳐鱼成体仅有 50 厘米，大型鳐鱼可长达 8 米。

海洋活电站——电鳐

　　电鳐是鳐鱼的一种，其头与胸鳍之间的腹面两侧各有一个蜂窝状的发电器，能把生物能转化为电能，并放出电来。有些电鳐放电时的最高电压可达 200 伏特，往往使敌人不敢轻易靠近它们。

觅食绝招

　　电鳐喜欢潜伏在海底泥沙里，饥饿时才从泥沙里钻出来。它们觅食的绝招是游进鱼虾群中频频放电。猎物被电晕不能游动时，它们就会上前吞食。如果遇到敌害攻击，它们也会放电回击。电鳐虽然能随意放电，也能够完全掌握放电的时间和强度，但是连续放电后，发出的电流会逐渐减弱，10 多秒后就会完全消失。

发电器官

海底"活电站"

　　电鳐堪称海底"活电站"。世界上的电鳐有很多种，发电能力各不相同：非洲电鳐一次发电的电压约为220伏，中等大小的电鳐发电的电压为 70 ~ 80 伏，较小的南美电鳐只能发出 37 伏的电压……电鳐身上的发电器非列成六角柱伏，叫"电板柱"。电鳐身上各有 2000 多个电板柱、200 多万块"电板"。这些电板之间充满胶状物，可以起绝缘作用，因此它们放电时不会伤到自己。

电鳐与电池

　　电鳐的放电特性启发人们发明了能贮存电的电池。人们日常生活中所用的干电池在正负极间的糊状填充物，就是受电鳐发电器里胶状物的启发而改进的。世界上第一块电池是意大利的物理学家伏特根据电鳐的发电器官及其原理于 19 世纪发明的。

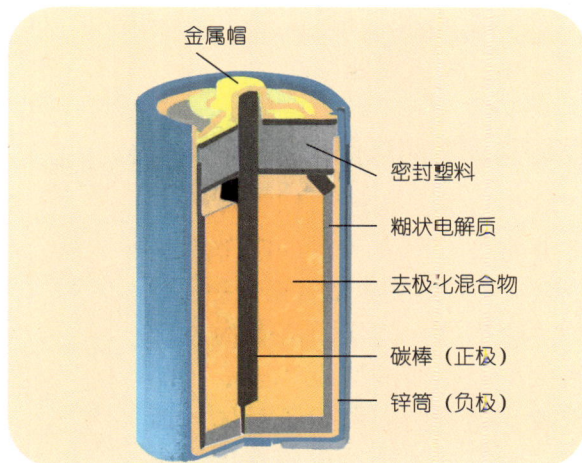

金属帽

密封塑料

糊状电解厉

去极化混合物

碳棒（正极）

锌筒（负极）

干电池的结构模式图

回澜·拾贝

　　放电　电鳐每秒可放电数十次，但连续放电后，电流会不断减弱。休息一会儿后，电鳐能重新恢复放电能力。

　　电疗　古罗马时，人们就利用电鳐治疗风湿性疾病。至今，在澳大利亚沿海，盛夏时节许多患有关节炎的人会赤脚在浅海里走来走去，希望踩到潜伏在泥沙中的电鳐而得到电疗。

横冲直撞的猎手——锯鳐

锯鳐是一种暖水性底栖鱼类，头和身体长而扁平。它们最突出的特征就是长而锋利的吻锯几乎占了体长的1/3。锯鳐因此而得名。锯鳐的吻锯不仅长，边缘处还有坚硬的锯齿，是一种致命的武器。

锯鳐与锯鲨的区别

乍一看，锯鳐与锯鲨在外形上非常像，两者头前的吻部都呈剑状，吻的两侧也都有锯齿——俗称"吻锯"。其实，两者的差别很大，最主要的区别在于鳃孔的位置：锯鲨的鳃孔位于身体的两侧，而锯鳐的鳃孔位于身体的腹面。另外，锯鳐的吻锯上没有像锯鲨那样的触须，且其身体比锯鲨更扁平。

横冲直撞的猎手

锯鳐是一种很凶猛的鱼类，行动敏捷，游动迅速。凭借又长又硬又锋利的长吻，它们经常在鱼群中横冲直撞，残杀或击伤群鱼。锯鳐很少遇到对手，即使是比它们还大的鱼，反应稍一迟钝，也难逃它们的重创，遍体鳞伤不说，还有可能葬身其腹。

锯鳐　锯鲨
锯鲨的鳃孔
锯鲨的触须
锯鳐的鳃孔

回澜·拾贝

吻锯　锯鳐的吻锯上分布着数千个灵敏的"电子接收体"，可以探测到猎物产生的电场，从而使锯鳐很容易找到猎物的藏身之所。

栖息　锯鳐分布于热带、亚热带各近岸海区和各大河口，有些进入江河湖泊，甚至定居于淡水中。

危机　锯鳐生长速度较慢，产下的幼体易受其他肉食性鱼类的攻击，加上捕鱼网的纠缠、人类的过度捕捞以及环境污染致使其栖息地不断丧失，它们的数量正急速减少，面临灭绝的危险。

会飞的魔鬼鱼——蝠鲼

蝠鲼是一种主要生活在热带和亚热带海域的软骨鱼类，重量可达数吨。它们虽然没有攻击性，但是发怒时，其强有力的"双翅"只需一拍，就能拍断人的骨头，置人于死地。它们甚至可以轻松击毁小船，所以渔民们常称其为"水下魔鬼"。

性情温顺

蝠鲼体形巨大，外形有点类似美制 B-2 隐形战略轰炸机。蝠鲼的胸鳍完全张开时就像一张张大毯，因此它们也被叫作"毯鲼"。别看它们外表吓人，其实它们性情非常温和。许多小鱼见到它们不仅不会躲开，反而会冲上去啄食它们身上的死皮和寄生虫。蝠鲼常常在海面附近觅食。如果游泳者靠近的方式得当，它们还会与之进行互动，一起在海里翩翩起舞。

腾空滑翔高手

在繁殖季节，蝠鲼有时用双鳍拍击水面，跃起在空中翻筋斗，在离水面一人多高的上空"滑翔"。可是，它们落水时没什么技巧。由于身体笨重，而且是平着落水，落水溅起的水声非常响亮，就像开炮一样，常常使附近的鱼儿感到害怕，纷纷逃走。

追逐求爱

每年 12 月到翌年 4 月是蝠鲼的繁殖季节。此时，热带海域的水温在 26℃ ~ 29℃ 之间，蝠鲼开始成群出现在浅海区。通常雄性蝠鲼体形较小，雌性体形稍大。一般情况下，每次会有 1 ~ 2 枚受精卵在雌性体内发育并孵化出幼鱼。大约 13 个月后，小蝠鲼会直接从母体中产出，不久就能自由游动独闯天下了。

爱搞恶作剧

性情温和的蝠鲼也有调皮的时候。有时，它们故意潜游到在海中航行的小船底部，用胸鳍敲打船底，发出"呼呼、啪啪"的响声，使船上的人惊恐不安；有时，它们又会跑到停泊在海中的小船旁，把铁锚拔起来，使人不知所措；有时，它们还用头鳍把自己挂在小船的锚链上，拖着小船飞快地在海上漂来漂去，使渔民误以为是"魔鬼"在作怪。

回澜·拾贝

进食 蝠鲼缓慢地扇动着"大翼"在海中悠闲游动时，会用头鳍把浮游生物和其他微小的生物拨进宽大的嘴里。

古老 蝠鲼是一种古老的鱼类，在中生代恐龙时代就出现在了海洋里。在漫长的进化过程中，它们的体形还保持着原始的模样，几乎没有发生变化。

软骨鱼是海洋鱼类中的"名门望族"，其族员的骨架由软骨组成。虽然其脊椎已经部分骨化，但软骨鱼仍缺乏真正的骨骼。软骨鱼广泛分布于印度洋、太平洋和大西洋，自表层至 3000 米深海，自沿岸至大洋中心都有分布。

身怀绝技的海洋鱼类

　　为了适应多变的海洋环境，一些海洋鱼类练就了很多让人称奇的技能：飞鱼可以像鸟儿一样"飞翔"，刺鲀可以用奇特的铠甲战胜敌人，深海鱼可以发光吸引猎物……一起来观赏海鱼的精彩表演吧！

海上飞行家——飞鱼

飞鱼因会"飞"而得名，是生活在海洋上层的鱼类，也是一些凶猛的肉食性鱼类争相捕食的对象。飞鱼虽然没有和鸟类一样的翅膀，但可以跃出水面十几米，沿着海面滑翔上百米，堪称鱼类中的"飞行家"。

群居的习性

飞鱼生活在温暖的水域上层，以包括太平洋赤道海域在内的热带水域中较为繁多。它们体形修长，吻短、口小、眼大，胸鳍发达如翼。它们通常会集体跃出水面，一群飞鱼中通常有一条飞鱼王带头。渔民如果捕捉到飞鱼王，数百条飞鱼就会自己"飞"进渔船里。

飞行的秘密

其实，飞鱼并不是真的会飞，只能在空中短暂停留。每当准备离开水面时，它们就会用尾部用力拍水，直至加速到能跃出水面，再打开胸鳍和腹鳍向前滑翔。飞鱼可连续滑翔，每次落回水中时，尾部再把身体推起来。所以，飞鱼能"飞"靠的是来自尾鳍的推动力，而不是它们的"翅膀"——胸鳍。

飞行也不安全

海洋生物学家认为：飞鱼并不轻易跃出水面。它们之所以要"飞行"，大多是因为逃避金枪鱼、鲨鱼等大型鱼类的追逐，或是受到轮船引擎声的刺激。飞鱼在空中飞翔并不安全，经常会被空中飞行的海鸟捕获，有时也会落到海岛上或者撞在礁石上丧生。飞鱼白天视力敏锐，晚上则视力微弱，有时盲飞，甚至跌落到航行中的轮船甲板上，成为人们餐桌上的佳肴。

飞鱼岛国

加勒比海东端的珊瑚岛国巴巴多斯以盛产飞鱼而闻名于世，被誉为"飞鱼岛国"。这里的飞鱼种类有近100种，小的飞鱼不过手掌大，大的有两米多长。飞鱼不但是巴巴多斯的特产，而且是这个岛国的象征。这里许多娱乐场所和旅游设施是以"飞鱼"命名的，用飞鱼做成的菜肴是巴巴多斯的名菜。游客们在此不仅能观赏到"飞鱼击浪"的奇观，还可以获得制作精致的飞鱼纪念章。

回澜·拾贝

形态 飞鱼的身体近似圆筒形，胸鳍特别发达，就像鸟类的翅膀一样。

趋光 飞鱼具有趋光性。夜晚若在船甲板上挂一盏灯，成群的飞鱼往往会寻光而来，自投罗网。

会发电的捕食者——深海龙鱼

深海龙鱼又称"黑巨口鱼"，是一种海洋发光鱼类，主要分布于温带和热带海洋的深水海域。深海龙鱼最大的特点就是下颌处有着渔竿一样的发光器，可以诱惑猎物。不仅如此，它们还有着发达的视觉，为其在漆黑的海洋里捕猎提供了巨大帮助。

桶状眼睛

深海龙鱼体形不大，身长为 10 ~ 15 厘米，头部较大，嘴里长有尖牙，捕食行为比较凶猛。它们栖息在 1500 米左右的深海区域，那里没有太阳的照射，一片漆黑。为了适应这样的环境，深海龙鱼的眼睛演化成桶状，眼睛的大型水晶体下面还分布着大量的感光细胞。这样的结构使得深海龙鱼对光线十分敏感，可以敏锐地感受到光线的变化，发觉周围猎物的动向。

桶状眼睛

发光器 "钓饵"

深海龙鱼的下颌有类似渔竿的发光器——它们诱惑猎物的钓饵。捕食时，深海龙鱼会不停地摆动"渔竿"，让发光器在漆黑的深海跳跃闪烁。一些鱼类、虾类看到闪烁的光亮往往会被吸引，纷纷向着深海龙鱼游过来，不知不觉间就变成了深海龙鱼的美餐。

尖牙捕食者

深海龙鱼是肉食性深海鱼类，主要以甲壳类生物和鱼类为食。它们的嘴很大，嘴里长着像钉子一样尖利的上下两排牙齿。不仅如此，它们的上颌和舌头上也分布着细小、锋利的牙齿。一旦发现猎物，深海龙鱼就会迅速地用尖利的牙齿咬穿猎物的身体，将猎物撕成碎片，随后饱餐一顿。

回澜·拾贝

无鳞 深海龙鱼是一种完全无鳞的鱼。

食物 深海龙鱼的幼鱼以浮游动物、软体动物为食，水生昆虫的幼虫也是它们的美味佳肴。

活动 深海龙鱼喜欢在深海中养精蓄锐，饿了就游到海洋表层觅食。

海洋神射手——射水鱼

射水鱼又被称为"高射炮鱼"，是自然界中的神射手。它们能巧妙地运用物理学原理从口中喷射水柱，射猎水面植物上的昆虫。

身体优势

比起其他鱼类，射水鱼的外形给它们提供了更多的捕食优势：眼睛偏向前方，并且可以转动，能帮助它们准确地判断猎物的位置；平坦的背部使它们能够尽可能地接近水面；特殊的鳍让它们可以在水中盘旋。

武器的奥秘和威力

射水鱼的武器藏在嘴里。它们的口腔顶部有特殊的凹槽，用舌头抵住就可以形成"水枪"管道。当它们的鳃突然合上时，强劲的水柱就会沿着管道被推射出来，射程可以达到两米多。它们可以连续发射几道水柱，然后再补充"弹药"。

射水鱼不仅能把苍蝇、蜜蜂、蝴蝶之类的小昆虫击落，还能把人的眼睛打伤。

独一无二的猎食本领

　　光在水面会发生折射，从水下往上看，事物的位置会发生偏移，但射水鱼能巧妙地解决这个问题。它们能准确地计算出水中光线的折射率，调整角度和喷射水柱的速度，精确地击中猎物。另外，它们还能计算出重力对喷射水柱的影响。当发现猎物时，射水鱼便会偷偷地接近目标，进行瞄准，然后从口中喷出水柱，将昆虫击落水面。当猎物落入水中时，射水鱼便会迅速地将其吞入口中。猎物们难免有机会死里逃生，不过射水鱼还有应对之策——它们可以跃出水面近30厘米，在空中将猎物吞入腹中。

回澜·拾贝

　　食性　射水鱼属于肉食性鱼类。草叶上的苍蝇、蚊虫、蜘蛛、蛾等小昆虫都是射水鱼的捕捉对象。

　　专心　如果有两种昆虫，射水鱼通常会选择距离自己较近的昆虫下手，并且在最短的时间内游到猎物落水的地点。

最懒的旅行家——鲫鱼

鲫鱼又称"吸盘鱼"，外号叫"鞋底鱼"。因为它们的头顶有椭圆形的吸盘，常常吸附在游泳能力较强的海洋生物身上进行"免费旅行"，所以它们也被认为是世界上最懒的鱼。

从鲨鱼嘴里抢食

鲫鱼从不挑食，对浮游生物、小鱼、小虾等来者不拒。不过，它们喜欢不劳而获，常常吃大鱼的食物残渣。有时候，鲫鱼还会冒险钻入旗鱼、箭鱼等鱼类的口腔里寻找食物残渣来填饱肚子。鲫鱼还常常像牛皮糖一样吸附在鲨鱼的腹部，让鲨鱼难以摆脱。当有食物出现时，鲫鱼往往会快速冲上去，率先将食物吞进肚子，而一直以凶猛著称的鲨鱼却对鲫鱼无可奈何，成了被"欺负的对象"。

强大的吸盘

鲫鱼的头顶有长椭圆形的吸盘，是由它们的第一背鳍演变而来的。鲫鱼的吸盘一旦与其他动物的身体接触，就会挤出其中的水，借助外部大气和水的压力牢固地吸附在那些动物的身上。依靠吸盘，它们不仅可以省力地进行免费旅行，还能狐假虎威地避免敌害侵袭。

被利用

　　鲫鱼常常利用吸盘吸附在大鲨鱼或鳐类、海龟等动物身上。为了寻找食物，它们甚至还吸附在远洋轮船的底部。鲫鱼的吸盘和独特的习性被渔民们发现并加以利用。他们捉到鲫鱼后，往往用绳子将鲫鱼的尾巴牢牢缚住，看到海龟等动物时就将鲫鱼放回海里。鲫鱼为了逃生，往往会紧紧吸附住海龟。此时，渔民收绳，就可以将鲫鱼和海龟一起捕获。

回澜·拾贝

　　鞋底鱼　　鲫鱼是长得奇形怪状的海洋鱼类之一。怪就怪在它们头背部那长椭圆形的吸盘酷似鞋底。"鞋底鱼"的绰号就由此而来。

　　力量　　鲫鱼吸盘的力量到底有多大呢？有人对此做了测试，一条仅仅 60 厘米长的鲫鱼竟然能承受 10 千克物体的拉力。

　　分布　　鲫鱼分布于热带及温带海洋中。我国有 3 属，即鲫属、短鲫属和大盘鲫属。

海洋建筑师——刺鱼

刺鱼因背鳍和腹鳍的前方有尖锐的刺而得名。不过，让刺鱼名声大震的并不是它们的外形，而是其精湛的筑巢本领。刺鱼被认为是"筑巢最精致的鱼"。

外 形

刺鱼的体形很小，最长的也只有 15 厘米。它们身体细长，在背鳍部前方有刺，腹鳍也有棘刺。这些是刺鱼的主要特征。它们的身体没有鳞片，但体侧有硬甲片保护。背脊上的刺是刺鱼分类的主要标准：背脊上长 3 根刺的叫"三刺鱼"，长 9 根刺的叫"九刺鱼"。

跳舞求婚

雄刺鱼在向雌刺鱼求婚前，体色会变得艳丽起来，背部变成青色，腹部呈淡红色，眼睛闪着蓝色。然后，雄刺鱼会向"意中人"跳起求婚的"蛇形舞"。如果两条雄刺鱼同时向一条雌刺鱼求婚，雄刺鱼之间就会进行一场殊死搏斗，战败者会被刺得遍体鳞伤，黯然离去。

筑巢本领突出

在繁殖期，雄刺鱼会先在浅水区选择合适的地点营造巢穴。雄刺鱼筑巢的方式和鸟类相似：它们用嘴衔来水草的茎和根的碎片，然后通过肾脏分泌出一种透明的黏液。黏液排出体外后，遇到水或空气就会凝成固体细丝，成为刺鱼筑巢的"黏合剂"。它们用这种黏合剂将衔来的材料黏合在一起，筑成适于产卵的巢。

鱼类中的慈父

雄刺鱼会诱哄和驱赶雌鱼进巢产卵。当巢中产满卵后，雄刺鱼会时时刻刻守卫着，并给卵供氧，直到其孵化。雄刺鱼会主动攻击卵和幼鱼的侵害者。在鱼卵孵化期间，它们还随时用新材料加固巢穴。直到小刺鱼长大后，雄刺鱼才会允许它们到大海中独立生活。

回澜·拾贝

繁殖 雌刺鱼进巢产下 2 ~ 3 粒卵离开后，雄刺鱼就去追求新的雌刺鱼进巢产卵。一直到卵把巢底铺满，雄刺鱼才停止寻偶活动。

环境 刺鱼的生活方式因种类不同有所差异。有的一生都在淡水中生活，有的一生都在海洋中生活，还有的在淡水和海水中都能生存。例如：三刺鱼在产卵期会逆流而上到河川内，其孵化的幼鱼则在海洋中长大。

会筑巢的鱼 在鱼类中，除了刺鱼会利用水草筑巢，隆头鱼和乌鳢（淡水）也有这种特殊的本领。

清洁工——濑鱼

濑鱼是生活在珊瑚礁区并且从珊瑚礁中获得食物的鱼类。它们种类较多，形态、颜色各不相同。在捕食的时候，濑鱼从不挑剔，会吃多种残羹冷炙，也许就是因为这样才被称为"清洁工"的吧。

清洁工

濑鱼种类多样，有外表怪异的史莱克鱼，还有体形巨大的拿破仑濑鱼以及颜色多变的闪光濑鱼。它们虽然外形不同，但大部分喜欢在珊瑚礁里寻找食物。除了珊瑚礁里的无脊椎动物和微生物，濑鱼还会吃从上层海水掉落下来的多种"残羹剩饭"。有些种类的濑鱼甚至会吃梭鱼嘴旁的赘生物，并且因此和梭鱼成了好伙伴。

苏眉鱼

在东南亚、西太平洋及印度洋的深海珊瑚礁区，生活着一种大型的隆头鱼——苏眉鱼。它们的体长可超过两米。由于这种鱼的额头高高隆起，就像戴着帽子的拿破仑一样，因此人们称它们为"拿破仑濑鱼"。成年的拿破仑濑鱼身体上有色彩绚丽的花纹，因此常被人们当作观赏鱼。

史莱克鱼

因为亚洲羊头濑鱼怪异的外貌很像动画片《怪物史莱克》中的主角史莱克，所以潜水者给它们起了个很形象的绰号，叫"史莱克鱼"。也正因为这种怪异的外形，它们常常把潜水者吓一跳。

闪光濑鱼

人们在印度尼西亚东努沙登加拉省水域的珊瑚礁中发现了一种新的闪光濑鱼。从国际保育组织发布的照片可见，这种濑鱼具有金黄的色彩，背鳍与腹鳍呈弧形，与之前发现的品种在外形上有较大差异。

回澜·拾贝

食物 在中层水域中生活的一些无脊椎动物是濑鱼的食物。濑鱼可以吞下多种多样的食物，但不同种类的濑鱼在食物选择上存在着较大的差异。

变色 闪光的濑鱼是潜水员喜欢见到的鱼种。这种鱼的雄性平时是单调的土褐色，求偶时会呈现红色、黄色、蓝色以及紫罗兰色等色调。

变性 大西洋海域生活着一种可以改变性别的濑鱼。在繁殖后代时，雌性濑鱼如果发现身边没有其他雄鱼与之交配，就会改变自己的性别。

深海的灯火——灯笼鱼和光睑鲷

在黑暗的深海，时常会出现点点光亮在游动。这些光亮的来源很可能是深海中能发光的鱼类，灯笼鱼和光睑鲷就是其中的成员。它们的存在为被黑暗笼罩的深海带来了光明。

深海鱼为什么能发光?

深海鱼可以发光是由于它们拥有发光器。发光器大体有两种情况：一种是鱼皮肤上能发光的细胞，这种细胞会分泌一种含磷的黏液，磷和血液中的氧发生反应就会发出光来；另一种是鱼身体上寄生的会发光的细菌。

在深海中，发光是鱼类对深海环境的一种适应。它们发出的光可用来诱捕猎物，迷惑敌人，吸引异性，联系伙伴。

深海灯笼鱼

全世界有上百种不同的灯笼鱼，每种灯笼鱼发光器的数目及排列位置都不同。深海灯笼鱼是一种小型深海鱼类，可以发出红、蓝、紫等颜色的光亮，远远望去，犹如节日辉煌的彩灯。

深海灯笼鱼主要栖息在 200～800 米的深海水域，身材娇小，性格温和，喜欢群聚游动，以小型浮游生物为食。它们有明显的昼夜垂直洄游习性，在夜里常常会游向海水表层。

光脸鲷

　　光脸鲷的发光本领很强，在夜间从大约15米远的地方就能看到它们发出的黄绿色的光。它们的发光器在眼下——眼睛上有一层类似眼睑的褶膜，升起来就会把发光器遮住，翻下去就会露出发光器。这层膜就像电灯的开关一样，控制着"灯"的开和关。

　　光脸鲷的正常闪光频率是每分钟2～3次，受到惊扰时，次数会明显增加，每分钟可以达到75次，以此来模糊敌人的视线。但是，这也会不可避免地招来一些大型的凶猛鱼类。将要受到威胁或袭击的时候，它们就会关上"灯"，然后趁着周围漆黑时溜之大吉。

发光器

　　其实，光脸鲷本身并没有发光能力，它们所发出的光是由寄生在其眼下的发光细菌制造的。这种细菌能把从鱼体血液中获得的能量和氧转变为荧光。

回澜·拾贝

　　发光部位　灯笼鱼有很多种类，每一种灯笼鱼都有自己的发光器官：有的灯笼鱼尾部有发光的追逐器，很像汽车的尾灯；有的头部有特大的发光球，很像中国古代的灯笼。

　　亮度　一条光脸鲷所发的光能够使人在深海看清手表上的时间，所以潜水员常常把它们捉住后放在透明的塑料袋里作水中照明之用。

面目狰狞的猎手——蝰鱼

蝰鱼面目狰狞，长相十分可怕。其牙齿长而尖，就像毒蛇的牙齿，因此它们又被称为"毒蛇鱼"。它们全身分布着多处发光器，在黑暗的深海可以发出多种光晕。

守株待兔

蝰鱼喜欢吃中小型鱼类和甲壳类动物，身上有许多发光器，发出的美丽光晕会吸引猎物自动送上门。捕猎时，它们会将嘴巴张到正常大小的两倍，并保持这种姿势一动不动地潜伏着，布满利齿的大嘴就像兽夹一样等待着猎物的接近。这种"守株待兔"的捕食方式在黑暗的水域中非常有效。

深海里的捕猎高手

蝰鱼的牙齿用"犬牙交错"来形容一点都不为过。它们的上颌都长着4颗尖牙，下颌上则有数不清的尖牙胡乱地扎出嘴外，甚至使蝰鱼无法合拢嘴巴。另外，蝰鱼下颌的牙齿较长，并且向后弯曲生长，几乎可以碰到眼睛。这些利牙不但看起来十分可怕，而且非常具有杀伤力。当猎物游到身边时，蝰鱼便用钉子一样的牙齿狠狠地插入猎物的身体。猎物们无论如何挣扎，都很难逃脱。

"橡皮胃"

蝰鱼体形不大,但胃口却不小。蝰鱼的食道可以伸缩,胃则像橡皮一样富有弹性。另外,蝰鱼的上下颌可以做大幅度的开闭运动,使得它们能吞下体形比自己大得多的猎物。当猎物过多时,它们的胃还能发挥储存功能,将暂时不能消化的食物存起来。

发光器

蝰鱼的胸鳍末端和背鳍前均有发光器,所发之光主要用于诱捕其他鱼类。有人曾见到蝰鱼一动不动地停在水中,不断晃动头顶上的发光器来吸引猎物。蝰鱼身体侧面也有发光器,但这些发光器所发之光不起诱饵作用,主要用于交配时发信号,以吸引其他蝰鱼。

回澜·拾贝

活动 蝰鱼是昼夜垂直洄游鱼类,一般栖息在500～2800米的深海中,夜间会游到浅海区域觅食,白天则会返回深海。

游速 蝰鱼游动速度很快,发现猎物时,可以飞一般地冲过去。

体长 蝰鱼体形偏小,体形最大的斯氏蝰鱼可以长到30厘米。

性情 蝰鱼是海洋深处的凶猛捕食者之一,虽然体形小,但能捕食比自己体形更大的大鱼,甚至将猎物整个吞下。

会爬树的鱼——弹涂鱼

　　弹涂鱼是一种两栖鱼类，在陆地上待的时间比在水中还要长。它们生活在近岸的滩涂处或低潮区，可以利用胸鳍和尾鳍在水面上、沙滩上或岩石上爬行、跳跃，因此又被称为"跳跳鱼"。

爬树能手

　　弹涂鱼大部分时间待在陆地上。它们居住的地方通常长满红树林，所以它们常常爬到树干或树枝上去。它们利用已经进化成吸盘的腹鳍来抓住树木，再用肌肉发达的胸鳍支撑身体，然后利用身体的弹跳力和尾鳍的推动力在树木、沙滩上爬行。

离水也能活

弹涂鱼是鱼类中的天才，最特别之处就是离开水后也能呼吸。这归功于它们独特的身体结构：弹涂鱼的鳃腔很大，出水远行时，它们都会在嘴里留一口水，这口水可以帮助它们呼吸；皮肤和尾巴可以作为呼吸辅助器。只要保持身体湿润，它们就能露出水面生活很长时间。

挖洞

弹涂鱼喜欢在烈日下跑来跑去，但身体必须随时保持湿润。所以，充满水的地下巢穴对它们非常重要。它们用坚硬的胸鳍、锋利的牙齿和宽大的嘴巴在沼泽地上挖出一个个洞穴，在里面避暑纳凉或躲避敌害。

弹涂鱼的洞穴同样存在危险——容易缺氧。这时，弹涂鱼会不断地吞食空气，将其注入洞穴中，建造地下空气包，缓解氧气不足的状况。

回澜·拾贝

多功能洞穴 弹涂鱼可以潜伏在洞里，伺机对洞外的猎物发动突然袭击。当遇到捕食者的威胁时，它们可以迅速缩回去。落潮后，弹涂鱼常常面临被鸟类和多种陆生哺乳动物捕食的危险，地下洞穴则为它们提供了安全环境。除了用作避难所，弹涂鱼的洞穴还可用作抚育室。

求偶 求偶时，雄鱼为了引起雌鱼的注意，常把身体变成较浅的灰棕色，还会往嘴、鳃腔充气而使其头部膨胀起来。同时，它们还通过将背弯成拱形、竖起尾鳍、不断扭动身体这些动作来引诱雌鱼。

冬眠 弹涂鱼有冬眠的习惯。如果是有太阳的好天气，弹涂鱼偶尔会出来摄食、活动。但是，当水温降到10℃以下时，它们就要深居于洞穴中休眠过冬了。

伪装高手——蝴蝶鱼和石斑鱼

蝴蝶鱼和石斑鱼可以说是海洋鱼类中的伪装高手。它们可以随着周围环境的变化而改变体色，或者隐藏在与自己体色相近的地方躲避敌人的袭击，等待猎物自投罗网。

巧妙的伪装

蝴蝶鱼尾巴的前上方有黑色斑点，周围镶着白色或黄色的边缘。斑点与其头部的眼相对称，看起来宛如鱼眼，足以以假乱真。平时，蝴蝶鱼倒退着游动。捕食者受到黑斑的迷惑，往往把它们的尾部当头部，发起攻击。这时，蝴蝶鱼就会顺势向前方飞速逃走。

回澜·拾贝

海中鸳鸯 蝴蝶鱼对爱情非常专一，大部分出双入对，好似鸳鸯。它们形影不离地在珊瑚礁中游弋、戏耍，当一尾蝴蝶鱼摄食时，另一尾就在周围警戒。

交流方式 生活在珊瑚礁群的蝴蝶鱼可以通过多种多样的声音来交流。

善变的体色

蝴蝶鱼具有很强的伪装能力，它们艳丽的体色可随周围环境的变化而改变。蝴蝶鱼的体表有大量色素细胞。在神经系统的控制下，这些细胞可以展开或收缩，从而使体表呈现出不同的色彩。通常，一尾蝴蝶鱼改变一次体色要几分钟，而有的仅需几秒钟。

石斑鱼也叫"石斑"，嘴大，牙细尖，身体呈长椭圆形，稍侧扁，长有条纹和斑点。石斑鱼身体的颜色会随着环境发生变化，常呈褐色或红色。它们是暖水性的大中型海产鱼类。

凶残成性

石斑鱼是肉食性鱼类，性情凶猛，喜欢突然袭击。有时为了争夺地盘和猎物，同类间会大打出手，互相残杀，甚至吞食同类。捕食时，石斑鱼会将猎物一口吞下去，而不是用口把猎物撕开。这是因为它们的牙齿很少，可是长在咽喉里的牙板却可以碾碎食物。它们习惯等待猎物靠近，而不会在水中追逐捕食。

回澜·拾贝

栖息 石斑鱼喜欢栖息在岩礁地带、海底洞穴以及有空隙的珊瑚礁旦，通常单独活动，一般不成群。

食物 石斑鱼主要以虾、蟹等甲壳类为食，也吃鱼类和软体动物。

雌雄同体 石斑鱼随着个体的成长可发生性转变，一般先雌后雄。

危机 石斑鱼营养丰富，肉质细嫩洁白，被人们大量捕捞制成美食。目前，多种石斑鱼面临绝种危机。

口育鱼——天竺鲷和后颌鱼

口育鱼，顾名思义就是用口腔进行孵卵、繁育幼鱼的鱼。大部分天竺鲷是雄性口腔孵卵。雄性后颌鱼为了保护鱼卵不受掠食者的伤害，会一直含着鱼卵，直到它们孵化。

身体构造

天竺鲷体形较小，体长通常小于 10 厘米，稍侧扁的长椭圆形鱼体上有竖立的背鳍。不少天竺鲷还有发光器的构造。

天竺鲷

天竺鲷广泛分布于热带和亚热带海域，大多集中在珊瑚礁等浅海区，少数在深海、沙泥底或河口水域，在巴布亚新几内亚和澳洲有一些纯淡水或可进入河川下游的种类。天竺鲷属夜行性动物，白天单独或成群躲藏在礁洞内或礁石旁，日落后则开始纷纷出外觅食。

口孵的海水鱼

天竺鲷孵卵的责任几乎均由雄鱼担任。雄天竺鲷将雌鱼所产的卵块衔入口中进行孵化，因满口含卵无法摄食，其间基本过着绝食的生活。一周后，卵在口中孵化成仔鱼后便被释放出来。这样大大降低了卵被掠食的可能，提高了成功率，增加了下一代存活的机会。仔鱼经过一段随波逐流的漂浮期生活变态为稚鱼，然后回到沿岸的礁区寻找适当的栖所，沉降下来成为真正的底栖鱼类。

回澜·拾贝

食物 天竺鲷以浮游动物、小型底栖动物或小鱼为食。

夜猫族 天竺鲷科鱼类是珊瑚礁区最大的"夜猫族"，拥有适于夜间活动的大眼。

口孵鱼卵是本能

　　后颌鱼由雄性负责孵化。雄后颌鱼将卵放在口中直到孵出小鱼为止。这样做是为了保护卵免遭捕食者的伤害。它们往往把卵放在口中 5 ~ 7 天的时间，偶尔会张开嘴巴或吐出鱼卵，让其吸取氧气。在孵化期间，"父亲"是不能进食的。这种行为对于后颌鱼来说是一种本能。

回澜·拾贝

　　分布与栖息　后颌鱼分布于大西洋中西部、印度洋及太平洋东西两岸，主要生活在珊瑚礁附近的浅海砂石海底，有些种类的栖息深度可达 100 米左右。

　　害羞　有人靠近后颌鱼时，它们会躲到洞里，等适应了人类的存在以后，才会再次从洞里出来。

有毒的"盒子"——箱鲀

箱鲀被形象地称为"盒子鱼"。除了眼、口、鳍和尾部,它们的身体被盒状骨架环绕着。正因如此,它们在游泳时只能依靠背鳍和臀鳍的慢慢摆动。箱鲀体形较小,成鱼体长一般在15 ~ 25厘米之间。它们通常具有鲜艳的体色,成熟的雄鱼背部有艳蓝色斑点,雌鱼和幼鱼则没有。

习 性

箱鲀是底栖鱼类,一般在沿岸浅海岩礁区域活动。它们不喜欢结群,通常会单独在海洋中用背鳍、臀鳍慢慢地游动,用突出的嘴啃食附着在岩石上的小型动物,如甲壳类、贝类等。

张口呼吸

由于鳃盖无法活动,因此箱鲀呼吸时只能张开口部,让水从口腔流入鳃部。它们的呼吸频率很高,静止时每分钟可以达到180次。

自如游动

　　箱鲀虽然游泳能力弱，但是能前后左右自如地游动，还可以像直升机一样定点停留、原地打转、垂直爬升或向下俯冲等。

回澜·拾贝

　　食物　箱鲀以藻类和小型底栖动物（如海鞘、海绵及软珊瑚等）为主食。

　　分布　箱鲀广泛分布于印度洋、太平洋和大西洋的热带及亚热带海域。

　　种类　箱鲀约有 30 种。种类不同，箱鲀的形状也不同，有的身体呈三角形，有的呈方形，还有的呈五角形。

　　自卫　当遇到敌害时，箱鲀会分泌一种毒素吓跑对方。如果敌人胆子很大，箱鲀就会加速尾鳍运动，迅速逃跑。

海中的刺猬——刺鲀

刺鲀是生活在珊瑚礁中的一种底栖鱼类。在休息时，它们身上的硬刺会平贴在身体上，一旦遇到危险就会马上竖起来，让自己立刻变身成"海中小刺猬"，使敌人无从下嘴。

生活习性

刺鲀在外形上与其他鱼类相近，但眼睛稍微凸出。它们广泛分布于世界热带海域，在水底的海藻和珊瑚礁附近生活。刺鲀是肉食性鱼类，游泳能力比较弱，喜欢吃坚硬的珊瑚、贝类、虾、蟹等。

身披 "铠甲"

刺鲀的刺是由鳞片衍生而成的，非常坚硬，最长可达 5 厘米，对皮肤具有铠甲般的保护作用。平时，这些硬刺平贴在身上，使刺鲀看起来与别的鱼没有太大的区别，但遇到天敌的时候，就立刻竖起来，让身体迅速变成刺球形状。

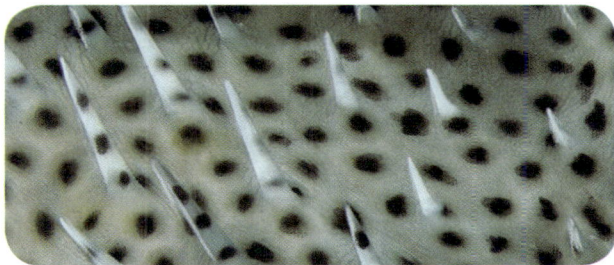

气功大师

刺鲀身体构造很特殊，其腹部皮肤比绞松弛，肠子下方有袋状气囊。当刺鲀吸入海水或空气时，气囊里会充满气体或海水，其身体就会膨胀呈球状，身上的刺也会竖起来。待危险过后，刺鲀再从鳃孔以及嘴中排出空气或者海水，使身体恢复正常。

吓走天敌

鲨鱼是刺鲀的一大天敌，但凶猛的鲨鱼有时也拿刺鲀毫无办法。在捕食时，气势汹汹的鲨鱼有时根本不把刺鲀放在眼里，一口将刺鲀吞下去，结果被扎得满嘴是血，疼得疯狂摇晃。最后，它们不得不把刺鲀从嘴里吐出来。

回澜·拾贝

别名 刺鲀有很多别名，又叫 "刺龟" "气球鱼" 等。

捕食 刺鲀游泳能力较弱，只能做一般性移动，更多的时候待着不动，等待猎物自己送上门。

团结 当大鱼袭击一群小刺鲀时，它们全都竖起刺并聚集成匡，似一个大刺球，便会使敌害望而生畏。

毒性 刺鲀的肝脏含有剧毒。

海洋集团军——梭鱼

梭鱼体形狭长，最长可达 1.8 米。由于口部下巴阔大，拥有长如狼牙般突出的尖牙，梭鱼又被称为"海狼鱼"。它们个性凶狠且具侵袭性。成年的梭鱼常常独来独往，因此号称"孤独的猎手"。不过，当遇到攻击时，它们常常会汇聚在一起作战，联合起来的力量甚至可以击退鲨鱼。

集团军

梭鱼主要分布在热带和亚热带海域，常常出现在珊瑚礁附近。成年的梭鱼一般独来独往。但是，当遭遇外敌袭击时，鱼群中的所有梭鱼往往会集中起来，排成壮观的队形。梭鱼群身上的银灰色鳞片能反射出强烈的光，使敌人陷入迷惑，而巨大的队形则会让敌人误以为这是一条超级大鱼，从而放弃进攻。

"狼牙"

梭鱼之所以被称为"海狼鱼"，是因为它们长着密密麻麻的钉状尖牙，如同狼牙般突出。它们的牙齿非常锋利，能瞬间擒获猎物并撕裂猎物身上的肉。

凶猛的掠食者

梭鱼的下颌非常突出，长有类似狼牙的尖牙。它们身体呈梭形，个性凶狠，经常捕食鱼类中的弱者。梭鱼的凶猛主要表现在对食物的抢夺上。它们食性很广，几乎对任何食物都来者不拒。梭鱼常常采用伏击的方式，在猎物还来不及防备时，以意想不到的速度向对方发起攻击，用自己锋利的尖牙将猎物"斩头去尾"。

反应灵敏

梭鱼非常机敏，一旦周围的水流有所晃动，就会第一时间意识到，并迅速做出反应。它们巡游速度不快，但在逃命或者追捕猎物时却可以突然爆发出意想不到的速度。梭鱼能够急速游动，不仅与其长长的身体有密切的关系，其宽大的背鳍和叉形的尾巴也可以给梭鱼提供足够的前进动力。

回澜·拾贝

繁殖 梭鱼在开阔的温暖海域产卵，每到产卵季节就会将卵子和精子直接释放到海水中。幼鱼靠浮游生物为食。

性情 梭鱼活泼好动，喜欢在海面上蹦蹦跳跳，常常跃出水面，连续不断地做跳跃动作。

食物 梭鱼是一种杂食性鱼类，主要以硅藻类、有机碎屑、小型鱼类、甲壳类和头足类等为食。

挥着长箭的射手——箭鱼

箭鱼生活在热带、亚热带海洋，是一种大型的掠食性鱼类。箭鱼游速非常快，又被称作"剑鱼"。箭鱼的吻部又尖又长，约占身长的1/3，坚硬而锋利，可以戳穿渔船的木板，甚至能穿透钢板。

凶猛又胆怯

箭鱼一般活跃在海洋的中上层，生性胆怯，常常会避开其他大型鱼类。不过，一旦被激怒，箭鱼就会变得异常凶猛，常常以超强的爆发力飞出海面，然后用"利箭"攻击来犯之敌。

捕食策略

箭鱼以鱼类和头足类海洋动物为食，也吃小型浮游动物。箭鱼的捕食方式十分特殊。它们常常飞速闯进鱼群，将身体放平后便突然从水中跃起，再迅速落下，激起巨大的水花。几起几落之后，很多鱼便被震晕。然后，箭鱼就凭借自己锋利的"长箭"在鱼群中横冲直撞，猎取食物。

劈水前进

箭鱼游动时，常常将头和背鳍露出水面，用尖长的吻部劈水前进，速度非常快，每小时可达100千米。箭鱼的神速得益于它们优越的外形条件：它们拥有典型的流线型身体，体表光滑无鳞，能最大限度地克服水的阻力；箭一般的吻部在前进时可以起到劈波斩浪的作用；强有力的尾柄能产生巨大的推动力。高超的游泳技术为箭鱼在水中追捕猎物提供了非常有利的条件。

仿生应用

箭鱼的体形为飞机设计师提供了灵感。设计师仿照箭鱼的外形，在飞机前安装了长"针"，突破了飞机在高速前进中产生的音障。由此，超音速飞机问世。

回澜·拾贝

习性 成年箭鱼一般单独行动。但是，它们有个很有趣的特殊习性——喜欢混迹在金枪鱼鱼群内。所以，人们常常在有金枪鱼鱼群的地方找到箭鱼的踪影。

特性 箭鱼有独特的肌肉和棕色脂肪组织，可以为大脑和眼睛提供温暖的血液，使其能够到达寒冷的海洋深处。

扬着巨帆的游泳冠军——旗鱼

旗鱼又叫"芭蕉鱼"，是海洋中的短距离游泳冠军，也是一种凶猛的肉食性鱼类。旗鱼的第一背鳍又长又高，竖展的时候仿佛是船上扬起的风帆，又像是随风招展的大旗，所以人们称呼这种鱼为"旗鱼"。

水中战舰

旗鱼一般有前后两个背鳍。在水中快速游动时，旗鱼会放下前面的背鳍，以减少阻力，同时用长剑般的吻将水面向两旁分开，并不断摆动尾鳍，仿佛船上的推进器一样。旗鱼拥有流线型的身体和发达的肌肉，摆动的力量很大，就像离弦的箭一般飞速前进，如同行驶的战舰。

肆意横冲直撞

旗鱼喜欢将旗状背鳍露出水面，四方巡游。它们的游泳速度非常快，短距离的游速可达每小时110千米，是海洋中当之无愧的"游泳冠军"。捕食猎物时，它们会将锋利的长吻冲入鱼群，东捅西戳，将海面搅得鲜血翻滚、鱼尸漂浮。这时它们就可以饱餐一顿了。

攻击力强

　　旗鱼性情凶猛，攻击力特别强，不仅敢攻击大型鲸鱼，就连人类的船只也不放在眼里。据有关资料记载，第二次世界大战后期，一艘满载石油的轮船曾遭到旗鱼的攻击。当时，一条特大旗鱼冲向油轮，用"利剑"刺穿油轮的钢板，海水立即涌进船舱。船员们惊慌失措，以为遭到鱼雷的袭击，但船并没爆炸。船员们醒过神来，在船体摇晃时看到一条大鱼飞快地游向另一边。过了一会儿，这条大鱼又朝船身冲来，刺穿了船舷的另一个地方。结果，旗鱼的"利剑"被折断了。一个水手用绳索套住了鱼尾巴，捉住了这条搞破坏的旗鱼。

回澜·拾贝

　　价值　旗鱼肉质鲜美，营养价值高。在日本料理店中，旗鱼生鱼片是常见的食材之一。

　　游泳冠军　海豚是游泳能手，却没有旗鱼游得快。旗鱼的平均时速为90千米，短距离时速达110千米。

隐身的 "垂钓客" ——躄鱼

躄，在汉语字典里作"跛脚"解，所以躄鱼又名"跛脚鱼"。这种鱼体形粗壮、笨重，口大，皮上多刺。它们有着和鮟鱇相似的触角，前端有饵样的皮肤，可以呈"8"字形摇动，以引诱猎物上钩。躄体色花纹多样，常与周围环境混同，有些还能变色，犹如隐身的"垂钓客"。

以 "假饵" 捕获猎物

躄鱼的"吻触手"由第一根背鳍棘特化而成，细细长长的，顶端有假饵，像是海藻或蠕虫，抖动时更像蠕动的多毛类、弹跳中的端足类或正在游动的小鱼。当有猎物被诱引游过来时，躄鱼会闪电般将猎物吞下。由于躄鱼的腹部有很强的伸缩性，因而它们可以吃下比自己还要大的食物。

活 动

躄鱼为热带和亚热带海鱼类，常潜伏于海湾滩涂、浅海地区的岩礁及珊瑚丛中。它们行动缓慢，一般静伏于海底，或以胸鳍和腹鳍在海底匍匐前进。

回澜·拾贝

运动 躄鱼不善游泳，使用胸鳍和腹鳍行走。
食物 躄鱼常摆动吻触手诱食小鱼及底栖甲壳类动物。
防卫 躄鱼遇到敌害时，往往会腹部充气而漂浮至水面。

和软骨鱼不同，硬骨鱼的骨骼更为坚硬，对压力的耐受力也更强。不仅如此，有些硬骨鱼还是身怀绝技的"武林高手"。正是凭借高超的伪装技艺和捕食本领，它们在变幻莫测、险象环生的海洋中拥有了一席之地。

长相奇特的海洋鱼类

　　海洋鱼类千姿百态，部分成员的外形非常奇特：有的拥有巨大的尖牙，有的看起来像海底的礁石，有的看起来像漂浮的海藻，还有的看起来像游动的树枝……让人啧啧称奇。

海洋四不像——海马

海马并不是马，而是一种长相奇特的小型鱼类。它们的头部像马，尾巴像象鼻，眼睛像蜻蜓，身体像虾。将这些特征集于一身的海马分明是"四不像"。它们身上还覆盖着很多节骨骼，就像穿着铠甲的士兵。

独特的活动方式

海马是鱼类家族中少数能站着游泳的，游泳的姿态很优美：头部向上，身体稍斜立于水中，完全依靠背鳍和胸鳍的摇摆进行运动，扇形的背鳍起推进作用。

海马尾部的构造和功能不同于其他鱼类。其尾部末端是方形的，具有卷曲的能力，海马常常把尾巴挂在漂浮的海藻或其他物体上随波逐流。即便有时不得不离开缠绕物，它们也会很快找到其他物体攀附其上。

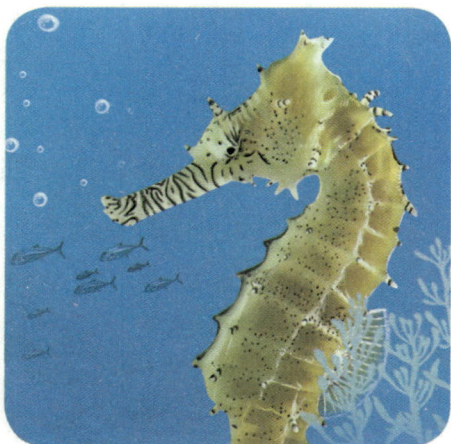

灵活转动的眼睛

海马的眼睛很特别，可以分别向上下、左右和前后转动。不用转动身体，海马就能敏锐地观察到各个方向的情况。动物界中除了蜻蜓和变色龙，海马也具有这种本领。

捕 食

海马的捕食方式别具一格，它们依靠鳃盖和吻的伸张活动吸食食物。海马用像吸尘器一样的嘴巴将幼虾、小鱼或浮游生物吸入肚中，捕食的成功率很高。它们的摄食量和水温、水质有着密切的关系：如果温度适宜，它们的食量就会很大；如果水质不良，它们就会吃得很少，甚至停食。

奇特的生育过程

鉴别雌雄海马的方法很简单：雄海马有育儿囊——俗称"育儿袋"，而雌海马没有育儿袋。海马最奇特的地方就是其生育过程——小海马是由雄海马"生"出来的。每年的5—8月是海马的繁殖期。这期间，雌海马会把卵产在雄海马的育儿袋中，由雄海马孵化。在50～60天的孵化期内，雄海马需要不断调整育儿袋内海水的盐度，让小海马逐渐适应海水环境。孵化到一定程度后，雄海马会将小海马从育儿袋中挤出来。这样小海马就出生了。

回澜·拾贝

鳍 海马的鳍用肉眼不太容易发现，但用高速摄影机可看到一根根活动的棘条。

皮肤 海马的皮肤腺可以分泌一种红色的黏液。这种黏液能保护其敏感的皮肤。

活动时间 海马一般在白天活动，晚上则呈静止状态。

价值 海马是一种经济价值较高的名贵中药，除了用于合成药品，还可以直接食用。

海马的近亲——叶海龙和草海龙

叶海龙、草海龙与海马属于同一家族，是一种奇异的生物，特别是外表细致华丽的叶海龙，相当稀少珍贵。它们只产于澳大利亚南部近海一带，目前已被列为保护动物。

海中"双胞胎"

叶海龙和草海龙都属于鱼类，无论是在形态方面，还是在生活习性方面，都与海马很相似。但是，叶海龙比海马大一些，头部和身体有叶状附肢，尾巴也不像海马那样可以盘卷起来。草海龙与叶海龙差不多大，不同的是：草海龙有红色、紫色与黄色等不同颜色，有的胸上有宝蓝色条纹，身上和尾部的附肢比叶海龙细小许多，外表比较接近海马；叶海龙则因其身上布满形态美丽的"绿叶"，游动起来摇曳生姿，被称为"世界上最优雅的泳客"。

杰出的伪装大师

叶海龙与草海龙的伪装性很强，体表由骨质板组成，身体由叶片似的附肢覆盖，采用前后摇摆的游动方式。它们可以伪装成海藻来躲避敌害。成年的草海龙体色还可因个体差异以及栖息海域的深浅而呈现出不同的颜色。

生长与繁殖

与同一家族的海马一样，叶海龙在孵育后代的过程中往往存在"角色颠倒"的现象。每年的 8 月和隔年的 3 月是叶海龙的繁殖季节。雌性叶海龙将一定数量（150 ~ 250 个）的卵排放在雄叶海龙尾部的育儿囊中，由雄叶海龙担负起孵化卵的重任。经过两个多月的时间，卵孵化成为叶海龙幼体。在自然环境里，叶海龙宝宝的成活率大约只有 5%。

生活环境与习性

叶海龙主要栖息在隐蔽性较好的礁石丛生和海藻密集的浅海浪少水域，环境温度在 10℃ ~ 12℃。它们栖息水域的深度为 4 ~ 30 米，但在 50 米深的水域也出现过。叶海龙幼体一般生活在较浅的水域，而叶海龙成体则喜欢生活在 10 米以下的海域。叶海龙没有牙齿和胃，靠吸管一样的嘴把浮游生物与像小虾一样的海虱吸进肚子里。

回澜·拾贝

体长 叶海龙因种类不同，体长也有差异，有的叶海龙很小，仅有 2 厘米左右，有的则可以达到 50 厘米。

现状 除了受到环境污染的威胁，叶海龙美丽可爱的模样、较慢的游速以及经常保持静止不动的习性还使它们容易遭到人类的捕捉。

食人魔鱼——角高体金眼鲷

角高体金眼鲷是一种深海鱼类，又称"尖牙鱼"，外形看起来较为恐怖，分布范围遍及全球各大热带和温带海域，常栖息在 2000 米左右的深海。

长相凶猛

角高体金眼鲷嘴巴非常大，且有些歪斜，大嘴里长着像犬牙一样的尖牙，面目狰狞，看起来颇具威胁性。人们认为角高体金眼鲷会攻击人类，所以将它们称为"食人魔鱼"。事实上，角高体金眼鲷虽然外表凶猛，但体形非常小，体长一般不超过 15 厘米，对人类几乎构不成危害。

大尖牙

角高体金眼鲷因为牙齿又大又尖，所以也被称作"尖牙鱼"。相对于体形来说，角高体金眼鲷嘴巴里左右两颗牙齿简直大得出奇。如果不是头部左右两侧各留有一个"插槽"，这两颗大牙甚至会妨碍嘴巴的合拢。在这种尖利的牙齿的帮助下，角高体金眼鲷可以猎杀体形比自己大的鱼类。

不挑食

　　深海区食物非常缺乏，所以角高体金眼鲷养成了不挑食的好习惯，几乎是见到什么就吃什么。通常来说，角高体金眼鲷的食物主要为上层海水的掉落物。为了获得充足的食物，角高体金眼鲷会选择在热带和温带海洋深处生活，因为这些海域有相对充足的食物从上层海水中落下。

形态差异

　　角高体金眼鲷的幼鱼通体为浅灰色，头骨偏长，与成鱼外形略有差别。随着成长，角高体金眼鲷幼鱼的外形逐渐发生变化，等长到 8 厘米左右时，便呈现出成鱼的样子。这时候，它们的全身一般变为深棕色或黑色。

回澜·拾贝

　　最大栖息深度　据记载，角高体金眼鲷的最大栖息深度约为 5000 米。

　　幼鱼的食物　角高体金眼鲷的幼鱼不能吃鱼，只能吃甲壳类动物。

不能惹的海底毒王——石头鱼

石头鱼又叫"玫瑰毒鲉"，与玫瑰花一样长有刺，且有毒。石头鱼形状怪异、体貌丑陋，蛰伏在海底就像石头，不容易被发觉。不过，可千万不要小瞧它们，它们毒性十分剧烈，是"世界十大毒王"之一。

"石头"是毒王

石头鱼喜欢将自己伪装成不起眼的石头。即使人站在它们的身旁，它们也一动不动，让人很难发现。如果不留意踩着它们，它们就会毫不客气地反击，发射出致命的剧毒。它们脊背上那像针一样锐利的鳍棘能穿透人的鞋底，刺入脚掌，使人中毒。

毒鳍和毒腺

石头鱼的毒鳍是用来防御强敌的，并非用以伤人。石头鱼背部生有毒鳍，鳍下生有毒腺，每条毒腺直通毒囊，囊内藏有剧毒毒液。当毒鳍被人踩到后，毒囊受到挤压，便会射出毒液，沿毒腺及鳍射入人体。被刺伤后，伤者会产生剧烈的阵痛，难以忍受，以致失去知觉，甚至出现精神错乱、呼吸困难、惊厥乃至死亡现象。如不幸被刺中，伤者最好迅速前往医院医治。

善于伪装

　　石头鱼貌不惊人，身体厚圆而且有很多瘤状突起，好像蟾蜍的皮肤，体色会随环境的不同而发生变化。石头鱼眼睛长在背部，而且特别小。它们常常会歪着身子，贴在礁石旁边，把自己伪装得像石头一样。发现猎物后，它们会张开嘴巴，猛地一蹿，一口吞掉猎物。

回澜·拾贝

　　栖息　石头鱼常潜伏于洞穴、礁隙、海藻丛或埋于砂中，通常独居或以小群体出现。

　　分布　石头鱼分布很广，但以热带及咸淡水交界海域为多。香港海域出产的石头鱼又名"石崇"。

　　价值　石头鱼因肉质鲜美、营养丰富而具有很高的食用价值。

提着灯笼的"丑老头"—— 鮟鱇

鮟鱇长相十分丑陋,是著名的"恶魔鱼"之一。不仅如此,它们发出的声音也不好听,就像是老人在咳嗽一样。所以,鮟鱇还有一个外号——"老头鱼"。

奇丑无比

鮟鱇的长相非常奇特,身体前端呈圆盘状,身躯后部细尖,眼睛生在头顶上,血盆大口长得和身体一样宽,大嘴巴边缘长着尖端向内的牙齿,腹鳍长在喉头。它们平时栖伏在水底,紫褐色的身体上光滑无鳞,但散布着许多小白点,整个体色与海底颜色差不多。

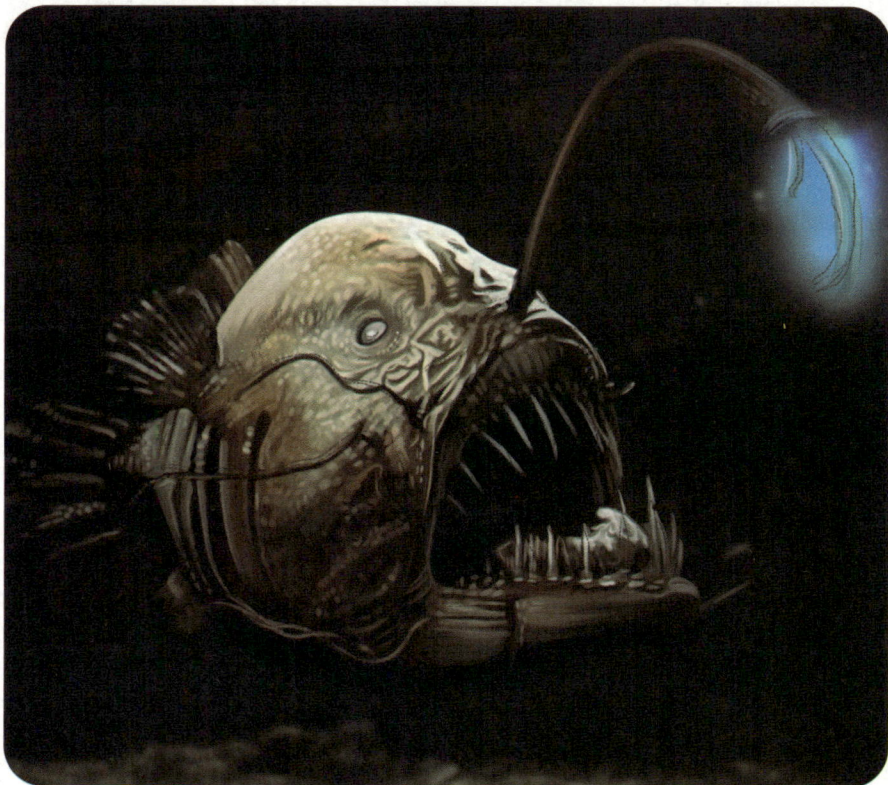

提着灯笼的鱼

鮟鱇头部上方有肉状突出,形似小灯笼。"小灯笼"之所以会发光,是因为在"灯笼"内有腺细胞,能够分泌光素。在光素酶的催化下,光素与氧作用发生缓慢的氧化反应而发光。深海中的许多鱼有趋光性,"小灯笼"就成了鮟鱇引诱猎物的秘密武器。鮟鱇的胃很大,且具有很强的伸缩性,可以容纳体积是自己身体两倍的猎物。饥不择食时,它们还以同类为食。

伪装大师

　　鮟鱇成功生存的秘诀除了在于头顶的"小灯笼"，还在于它们能适时变色适应环境。体表的杂色斑点、条纹和饰穗使它们看上去就像珊瑚丛中的海藻。当静静地趴在海底时，它们很难被猎物和天敌发现。尤其是那种身披饰穗的鮟鱇，更擅长潜伏捕食和逃避天敌追杀。

雌雄合体

　　鮟鱇是雌雄体积相差很大的鱼类：雌鮟鱇的个头较大，而雄鮟鱇的个头很小。"弱小"的雄鮟鱇便用自己锋利的牙齿咬破雌鮟鱇的腹部，将自己的身体紧紧附在雌鮟鱇身上。雌雄鮟鱇一旦结合，它们的血管也会慢慢融合，形成一种独特的配偶关系。

回澜·拾贝

栖息　鮟鱇为暖水性和温水性底层鱼类，个别种类生活于深海，常半埋于海底沙泥中，露出大口及眼睛。鮟鱇常潜伏不动，一般不合群。

食性　鮟鱇为肉食性鱼类，主要捕食石首鱼类、鲂、鳐、虎鱼类等，也食虾类。体长为 60 ~ 90 厘米的鮟鱇甚至能游至水面捕食水鸟。

繁殖　鮟鱇的繁殖季节一般是春夏两季。卵群在海面上漂浮，直到孵化出幼体。幼鱼不论雌雄，都在海水表面生长发育，以浮游生物为食。成鱼产卵后移向近岸，并大量摄食，冬季返回较深海区越冬。

黑暗世界的发光鱼——宽咽鱼

宽咽鱼是大洋深处相貌非常奇怪的生物，最显著的特征就是拥有大嘴，没有可以活动的上颌，而巨大的下颌则松松垮垮地连在头部，从来不合嘴。它们张大嘴后，可以轻松地吞下比它们还大的动物。所以，它们在西方被称为"伞嘴吞噬者"，而在中国被叫作"宽咽鱼"。

可以吞吃大鱼

宽咽鱼凭借巨嘴可以将比自己还大的猎物吞下去，放到下颌的袋子里，如同鹈鹕吞鱼一样，所以也有人叫宽咽鱼为"鹈鹕鳗"。宽咽鱼没有肋骨，胃的伸缩性非常大，可以扩张到容纳体积巨大的食物。不过，宽咽鱼最主要的食物还是缓慢游动的小鱼、小虾等。

点灯的鱼

由于深海非常黑暗，因此生活在深海的鱼一般眼睛非常小，视力不发达，有的甚至是盲鱼。宽咽鱼也一样，它们的眼睛基本上失去了作用。但是，它们拥有长长的鞭状尾巴，末端可以发出红光。一些科学家认为，它们可能常把尾巴举在口前，当作诱饵引诱猎物。科学家还发现，宽咽鱼喜欢绕圈游，也许是想追逐那些追它们尾巴的猎物，或者是想用它们的长尾巴把猎物缠住。所以，人们经常发现被捞到海面的宽咽鱼尾巴打着好几个结。

严酷的生存环境

　　海洋 1000 米以下一片漆黑，水温终年维持在 0℃左右。如此严酷的环境中基本没有藻类，草食性鱼类也多销声匿迹。在这种食物匮乏的环境中，生存下来的深海鱼一般模样稀奇古怪。宽咽鱼的口特别大，鱼身却细长，鱼尾像鞭子一样，整个身体倒像个陪衬。

回澜·拾贝

　　别名　宽咽鱼又名"吞鳗""咽囊鳗"，分布于全球各大洋。

　　栖息　成年宽咽鱼是典型的深海鱼，多栖息在 1500 ~ 1800 米深海域。

　　习性　宽咽鱼幼年时生活在 100 ~ 200 米深度的光合作用带，成年后则游向海底。

　　成长　成年的雄性宽咽鱼身体上会有一些变化，包括嗅觉器官增大、牙齿和下颌退化等。雌性宽咽鱼则不发生变化。

爱晒太阳的大鱼——翻车鱼

翻车鱼是鲀形目翻车鲀科鱼类的俗称，全世界只有3种，分别是翻车鲀、矛尾翻车鲀、长翻车鲀。翻车鱼尾巴短小，有着庞大的身躯、大大的眼和樱桃似的小嘴。大概是由于翻车鱼喜欢晒太阳，因此又有人叫它们"太阳鱼"。翻车鱼没有腹鳍和尾鳍，只有背鳍和臀鳍，游动时只能在海里随波逐流，翻来滚去。

外 形

翻车鱼多栖息于热带和亚热带海洋，也见于温带或寒带海洋。翻车鱼最长可达4米，重量在3吨左右。它们拥有令人难以置信的厚皮，可厚达15厘米。它们身材偏短，背部和腹部有长而尖的背鳍和臀鳍，样子好像被人用刀切去了一半。

活 动

翻车鱼游泳技术不佳，速度缓慢，主要靠背鳍和臀鳍摆动前进。不过，它们头重脚轻的体形正适合潜水，可以潜到600米以下的深海捕捉鱼虾。翻车鱼多数时间生活在海洋表层。天气好的时候，它们会将背鳍露出海面随水漂流；天气变坏时，它们往往会侧着身子平浮于水面，以背鳍和臀鳍划水并控制方向，还可用背鳍在海中翻筋斗或潜入海底。

海中的"飞盘"

翻车鱼性情温顺，又不善于游泳，因而常常受到海洋中其他鱼类和海兽的袭击。例如：入夏时节，当大量年幼的翻车鱼随着充足的食物、温暖的洋流进入蒙特雷湾时，加利福尼亚海狮就经常袭击它们。海狮常常撕咬翻车鱼的背鳍和胸鳍，并从水面上攻击它们。如果撕不开翻车鱼厚而硬的皮，它们便把失去活动能力的翻车鱼像玩飞盘一样抛向水面，让它们成为海鸥的美餐。

强大的繁殖力

翻车鱼具有强大的繁殖力，一条雌鱼1次可产3亿多枚卵。雌鱼产下卵之后便扬长而去，雄鱼从此就担负起护卵、育儿的职责，直到幼鱼长大。

但是，由于一部分鱼卵不能受精而死亡，一部分鱼卵和孵化出来的幼鱼会被凶猛的鱼类吃掉，再加上刚孵化出的小鱼非常脆弱，抗不住风暴、惊涛骇浪等灾难，因此，一条翻车鱼所产的3亿枚卵中只有30枚左右能孵化出小鱼并存活至繁殖季节。

回澜·拾贝

别名　英美地区称翻车鱼为"海洋太阳鱼"，西班牙称其为"月鱼"，德国人称其为"会游泳的头"，日本人称其为"曼波鱼"。

食性　翻车鱼为肉食性鱼类，爱吃水母、小鱼、甲壳类动物等。

分泌物　翻车鱼能够分泌一种奇特的物质来改善四周的环境。这些物质可以用来治疗周围鱼类的伤病。

生长冠军　翻车鱼的幼鱼仅有0.25厘米长，而成年翻车鱼可达3米长，可谓动物界的生长冠军。

恒温　翻车鱼是一种恒温鱼类，可通过持续拍打胸鳍产生热量，并通过血液将热量传递至全身。

海洋武士——狮子鱼

狮子鱼是一种漂亮的海洋鱼类，由于胸鳍和背鳍上长着长长的鳍条和刺棘，形状酷似古人穿的蓑衣，因此又被叫作"蓑鲉"。其实，狮子鱼是鲉形目鲉科中蓑鲉亚科鱼类的通称。狮子鱼时常拖着宽大的胸鳍和长长的背鳍在海中游弋，看起来悠闲自在。美丽的狮子鱼很不好惹，鳍条根部都有毒腺，是名副其实的海洋武士。

形 态

狮子鱼长 25 ~ 40 厘米，头宽大平扁，体表覆盖着圆鳞或栉鳞，背鳍、臀鳍和尾鳍是透明的，上面点缀着黑色的斑点。除了身披白、褐色相间的"彩衣"，它们身上还装饰着众多的鳍条和刺棘。

毒 王

狮子鱼身上的鳍条和刺棘是狮子鱼的武器。鳍条的根部和周围的皮瓣上含有能分泌毒液的毒腺，背鳍上还有毒性很强的毒刺。当遇到敌人或猎物时，它们就会用毒刺攻击对方。人如被刺后，会产生剧烈疼痛，严重者会呼吸困难甚至晕厥。

捕 食

狮子鱼美丽的外表、红褐相间的条纹使得它们与海底色彩缤纷的珊瑚、海葵相映成趣。它们游动在红色的珊瑚丛中，不容易被小鱼发现。它们虽然鳍很大，但并不善于游泳，而是经常躲在珊瑚礁中等待猎物。它们的胸鳍竖起来并开始快速抖动时，代表它们将要发动进攻。这种抖动和响尾蛇尾巴的摆动非常相似，是为了吸引猎物的注意。当猎物被眼前的一切所迷惑时，狮子鱼就会迅速地把四面飞扬的长鳍条收紧，迅速蹿过去，将猎物一口吞下。

避 敌

如果失去珊瑚的保护，狮子鱼就很容易暴露自己，成为大鱼的目标。当危险来临时，狮子鱼会尽量张开它们长长的鳍条，使自己显得很大，同时用鲜艳的颜色警告对方。如果遇上胆子大的鱼，狮子鱼就会使出浑身解数与其周旋。捕食者即使吞掉狮子鱼，也会因为它们全身的鳍条而难以吞到腹中，将它们吐出来时，还容易被刺伤，甚至中毒而死。

回澜·拾贝

食物 狮子鱼主要以甲壳类动物为食，也吃小鱼。
栖息 狮子鱼多栖息于温带靠海岸的岩礁或珊瑚丛中，有的见于深水，常成对游泳。
分布 狮子鱼多分布于印度洋、西太平洋暖水海域。
弱点 狮子鱼腹部没有刺棘保护，所以在遇到危险或休息时，它们就会用腹部的吸盘紧贴在岩壁上以求自保。

海底裁缝——鹦鹉鱼

鹦鹉鱼又称"鹦哥鱼"，是生活在珊瑚礁中的热带鱼类，因色彩艳丽、嘴形酷似鹦鹉而得名。每当涨潮的时候，大大小小的鹦鹉鱼就会披着绿莹莹、黄灿灿的外衣，从珊瑚礁外的深水中游到浅水礁坪和潟湖中。

织"睡衣"

鹦鹉鱼会织"睡衣"。它们织"睡衣"就像蚕吐丝做茧似的，从嘴里吐出白色的丝，然后依靠腹鳍和尾鳍的帮助，经过一两个小时织成囫囵的壳——这就是它们的"睡衣"。有时，"睡衣"织得太严实，它们早上睡醒后张不开嘴巴，便会憋死在里面。鹦鹉鱼织"睡衣"主要是为了遮挡自己的气味，以防被海鳗捕食。

特殊的消化系统

鹦鹉鱼的上、下颌上生长着细密尖锐的小牙齿。这些小牙齿密密地排列，形成了许多边缘锐利的板。鹦鹉鱼用板状齿将珊瑚虫连同它们的骨骼一同啃下来，再用喉部的咽喉齿将其磨碎吞入腹中。有营养的物质被消化吸收，珊瑚的碎屑则被排出体外。

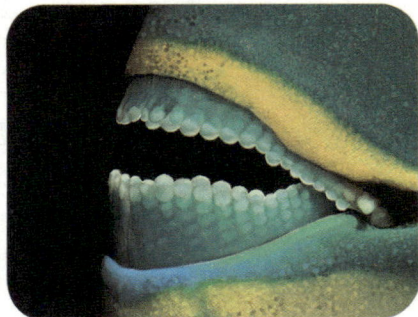

团结互助

据研究发现，一旦鹦鹉鱼不幸碰上钓钩，它们的同伴很快就会赶来帮忙。如果鹦鹉鱼被渔网围住，同伴们就会用牙齿咬住其尾巴，拼命从缝隙中将其拉出来。因而，渔民一般很难抓获鹦鹉鱼。

回澜·拾贝

习性 鹦鹉鱼栖息于热带海洋中，喜食珊瑚虫。它们身体的颜色跟鹦鹉一样绚丽，体色不一。同种鹦鹉鱼雌雄差异很大，成鱼和幼鱼之间差别也很大。

繁殖 鹦鹉鱼在繁殖后代的时候，雄鱼先撒下精子，然后雌鱼在精子的中央播撒卵子。这种繁殖方式只能使一部分卵受精，且只有很少的一部分才能长大。

攻击性 鹦鹉鱼具备攻击性，喜欢追逐其他种类的鱼类，饥饿的时候会吃小鱼、小虾。

维护海洋生态的能手

鹦鹉鱼喜欢和伙伴们在珊瑚礁区嬉戏玩耍，寻找珊瑚上的藻类作为食物。吃海藻时，鹦鹉鱼会把死珊瑚枝一同咬碎吞下，并将珊瑚枝转化为沙子排泄出去，制造出细细的珊瑚细沙，维护海洋生态环境。

游动的树枝——管口鱼

管口鱼俗称"中华管口鱼""海龙须"，身体呈长杆状，有点侧扁。它们的吻部细长，像长长的吸管，口位于吻的前端，口形由前面向后斜裂。捕食时，管口鱼时常借助身体伪装从上面偷偷接近猎物，然后俯冲向猎物。

形态特征

管口鱼通体细长且侧扁，全身覆盖着小的栉鳞，最引人注目的部位就是吸管一样的吻部。它们的吻部前端是小小的嘴，上颌无牙，下颌前端排列着细小的牙齿。管口鱼的胸鳍非常小，臀鳍和背鳍位于身体后部，与圆形的尾鳍相邻。通常来说，管口鱼的体色呈褐色，分布着浅色的纵带。周围环境改变时，它们的体色也会随之改变。

自我保护

管口鱼常以头下尾上倒立的姿势静止不动。这样可以使它们隐身于软珊瑚、藻类旁，以躲避敌人。当敌人靠近时，它们还会迅速变换成和环境颜色接近的体色，以免被发现。管口鱼游泳缓慢，常依附在大鱼身边接受免费的保护。

骑鱼捕食

　　管口鱼靠吃小鱼为生。但是，由于灵活性不够，又没有尖牙利齿，它们对付起小鱼来也很难，经常吃不饱肚子。长期的生活经验使管口鱼想出了一个捕食办法——骑鱼捕鱼。管口鱼先将自己隐藏起来，等篮子鱼游过来时，就闪电般地骑到它们背上，借此与篮子鱼共同捕食。

回澜·拾贝

　　分布　管口鱼广泛分布于印度—泛太平洋海域，在中国见于南沙群岛、西沙群岛和台湾附近海域。

　　栖息　管口鱼一般栖息于热带清澈的浅海海域，深度为3～122米，喜栖于多岩石的珊瑚礁区。

　　食性　管口鱼属肉食性鱼类，以管状的吻部吸食无防备的小鱼或小虾。

　　变色　管口鱼体色可随环境发生变化，从橘红或棕色至黄色都有，但多数时候呈褐色。

海洋鱼医生——裂唇鱼

裂唇鱼娇小玲珑，体长仅有 6～10 厘米，嘴长，唇厚，齿尖而利。裂唇鱼能够在病鱼身上啄食寄生虫，帮助病鱼清除身上的污垢，所以又被称为"鱼医生"。

形态特征

裂唇鱼身体修长侧扁，成体通常呈白色，但背部颜色较暗，自口部经眼部至尾鳍分布着逐渐变宽的黑色纹带。幼体与成体颜色稍微不同，为黑色，且带有蓝色纹带。裂唇鱼的头部呈圆锥状，口非常小，并且下唇都分为两片；背鳍第一棘和第三棘之间有黑斑，在背鳍基部分布着黑纵带。

受欢迎的鱼医生

裂唇鱼给病鱼除虫治病认真负责，深得其他鱼类的好感。见到鱼医生到来，病鱼会温顺地让它们在自己身上捕捉寄生虫，而且主动张开大口和鳃盖，让鱼医生进入口腔或鳃腔捕虫和清除污物。即使是凶残的大鱼，此时也表现得非常温顺。它们有的侧卧，有的倒立，有的张开大口任凭鱼医生摆布。当遭到侵犯时，"病人"总是先让鱼医生躲开，自己与来犯者进行殊死搏斗。

用情专一

裂唇鱼性情温和，为一夫一妻制。若雄鱼死亡，则由第一顺位的雌鱼性转变为雄鱼，但附近如有较强势的雄鱼，则由它掌权。

回澜·拾贝

冒牌裂唇鱼　三带盾齿鳚外形与裂唇鱼相近，喜欢模仿裂唇鱼游泳的姿态，装作裂唇鱼的样子躲避天敌攻击，并趁机偷袭其他鱼类。

栖息　裂唇鱼夜间栖息在岩间小洞，会吐黏液把身体裹住。

标志色　鱼医生的体色是鲜明的示意色，几乎所有的鱼都懂得这种蓝、白、黑条纹的组合代表着治疗和清理。

深海的怪鱼——深海斧头鱼

深海里生活着一种身体瘦小扁平的鱼，看起来像斧头刀口一样，因此被称为"斧头鱼"。深海斧头鱼长相怪异，分布在热带和温带海域。由于栖息海层较深，深海斧头鱼很少被捕获，因此人们对其知之甚少。

外 形

深海斧头鱼外形非常丑陋，眼睛空洞无神，嘴很大，在深海里游动捕猎时像恐怖的幽灵。这种鱼的眼睛最为奇特，指向身体正上方。这样的构造有利于深海斧头鱼寻找食物。深海斧头鱼体形较小，所以一般不会对人类造成致命伤害。

发光器

除了奇特的眼睛，深海斧头鱼的另一特点就是发光器。其发光器分布在身体两侧，可以与其他光线互相配合，帮助深海斧头鱼隐身。其发光器发光时，就像是在漆黑的海底闪烁的星星。这时，一些浮游生物就会被吸引，向着光亮游过去，成为深海斧头鱼的食物。在繁殖阶段，这些发光器还可以帮助深海斧头鱼吸引异性。

回澜·拾贝

深海星光鱼　深海斧头鱼属于胸斧鱼科。这一种类的鱼呈亮银色，栖息在 200 ~ 1000 米的深海区域。

体形　深海斧头鱼体形较小，一般体长不超过 13 厘米。

海底怪物——银鲛

银鲛俗称"带鱼鲨""鬼鲨",是一种生活在深海的底栖性鱼类。银鲛第一背鳍前端的硬棘连接毒腺,有助于其自卫。因上颌和头盖骨相连,所以银鲛被归为"全头亚纲"。

形态特征

银鲛背部略呈深灰色,腹部呈银白色。头部较大,有明显的迂回弯曲的沟状侧线管;眼睛较大,位于头部上侧位;吻部非常柔软,高而圆钝。银鲛各有一对外鳃孔,分别位于胸鳍基部前方;有两个背鳍,第一背鳍为三角形,第二背鳍略低平;尾部又细又长。

头部的功能

为了适应漆黑的深海环境,银鲛的头部长有灵敏的电接收器,能够探测到其他海洋生物电场的变化。此外,银鲛的头部还具有一些不同寻常的功能。例如:人们在太平洋东部发现一种黑幽灵鲛鲨,它们的头部长有性器官。

"活化石"

银鲛是在大约 3.5 亿年前分化出的软骨鱼类,有"活化石"之称。它们的骨骼虽然和别的软骨鱼类相同,但它们有鳃孔、鳃盖,肛门与生殖口分开,也具有硬骨鱼类的特征,在进化研究中具有很重要的价值。

奇特的长吻银鲛

长吻银鲛是一种生活在深海的银鲛，因长长的吻部而得名。它们身体侧扁，像被压扁的纺锤，体色呈白色或浅棕色；第一背鳍近似于三角形，像高高扬起的风帆；第二背鳍较为低矮细长；胸鳍又长又宽大，像不断挥舞的水袖。让人吃惊的是，长吻银鲛一般有4只眼睛。

眼睛的妙用

长吻银鲛可以将4只眼睛巧妙地结合运用。它们会将一侧的眼睛当成"镜子"，利用眼睛对光线的反射来看清周围的事物。它们通过这种方式看到的图像比依靠眼睛的晶体获取的物体图像更加清晰。这让长吻银鲛能够在深海中轻松地找到食物，并且有利于化解危险。

回澜·拾贝

分布　银鲛从江河、河口、近海到2400米或更深的深海区都有分布。

习性　银鲛因游动能力差，很容易被捕获，并且离水即死。它们以小型鱼类和无脊椎动物为食，于春夏两季繁殖，卵大而长，且有硬壳保护。

硬骨鱼类形态多样，包括鱼类家族的绝大多数成员。其中，这群长相相当另类的"家伙"是比较特殊的存在。它们为了适应严酷的环境，迷惑、抵御外敌，捕食猎物，不得不变成现在令人称奇的模样。

长相美丽的海洋鱼类

热带海鱼外形优美，颜色鲜艳，非常具有观赏价值。它们在珊瑚丛里游来游去，与多彩的珊瑚相映成趣，将海底世界装饰得绚丽多彩。本部分内容将向你展示美丽的热带观赏鱼类，让你尽情欣赏海鱼的美丽。

美丽的小天使 —— 海水神仙鱼

海水神仙鱼属棘蝶鱼科，分为多个品种，不同品种间颜色、体形略有差别。它们通常长着大大的圆眼睛，有微微隆起的额头，游动时总是悠闲自在的样子，看起来优雅、美丽，深受人们喜爱，常被作为观赏鱼。

蓝宝神仙鱼

蓝宝神仙鱼通体为浅蓝色，非常美丽，如同海洋里的蓝宝石。这种鱼的雄性和雌性之间体色稍有不同：雄性身体两侧分布着横向的黑色条纹，被人们称作"蓝宝王"；雌性身体两侧没有横向条纹，但在头顶点缀着黑色斑点，被人们称作"蓝宝新娘"。它们的另一个独特之处在于美丽且拉着长丝的尾鳍，看起来优雅动人。蓝宝神仙鱼主要分布在菲律宾沿海以及中国沿海海峡，由于色彩别致，深受人们喜爱。

黄肚神仙鱼

　　黄肚神仙鱼娇小玲珑，色彩鲜艳，从吻部沿腹部到臀鳍均为鲜艳的黄色，背部通常为深蓝色，与多彩的珊瑚丛交相辉映。黄肚神仙鱼主要分布在西太平洋珊瑚礁区，通常生活在礁石岩洞里，喜欢单独活动，偶尔会成对出现或组成小群体生活。黄肚神仙鱼生性害羞，且栖息地隐蔽，不易被人类发现。

多彩神仙鱼

　　多彩神仙鱼是一种小型神仙鱼，外形总体呈椭圆形，最大体长不超过9厘米。这种鱼身上有蓝、黑、黄、白、褐等多种色彩，上半部分为银白色，下半部分为琥珀色，头部和胸腹部是鲜黄色，眼睛上方点缀着宝蓝色斑块，且分布着不规则的黑色条纹，背鳍和臀鳍为黑色，且有宝蓝色的边线，尾鳍为浅黄色，看起来美丽动人。

火焰仙

　　火焰仙是为数不多的红色系海水鱼，最大的体长约为 12 厘米，身体呈红色，点缀着醒目的黑色直纹，背鳍和臀鳍末端为鲜艳的蓝色。它们经常在礁石孔洞间来回游动，喜欢啃食珊瑚和软体动物。火焰仙主要生活在太平洋西部海域，活动范围遍及夏威夷到澳大利亚北部海域。

火背仙

　　火背仙也称"梦幻神仙"，是生活在加勒比海等海域的一种神仙鱼。这种鱼头部、背部、背鳍都是金黄色，眼部周围有狭窄的蓝色环，体侧、尾部、臀鳍均为深蓝色，且分布着很多黑色斑点，看起来非常别致。火背仙是一种杂食性鱼类，主要以藻类、附着生物等为食，也啃食珊瑚和软体动物，会破坏珊瑚。

神仙鱼家族

　　如今，神仙鱼的家族越来越庞大，经过自然杂交繁殖和人工改良，已经发展出很多新成员。其中，白神仙鱼、黑神仙鱼、云石神仙鱼、半黑神仙鱼、三色神仙鱼、红眼神仙鱼等是比较常见的种类。

回澜·拾贝

打斗　雄性蓝宝神仙鱼相遇后经常会你追我赶、相互打斗，因而不能在水族箱里同时放养两条雄鱼。

区别　神仙鱼外形与蝶鱼相近，但神仙鱼体形较厚，鳃盖上有棘刺。

领地意识　火焰神仙鱼领地意识非常强，会攻击进入其领地的其他鱼类。

色彩鲜艳的鱼——高鳍刺尾鱼

高鳍刺尾鱼是一种生活在热带海洋珊瑚礁区的鱼类，外形大体呈三角形，有很高的背鳍和臀鳍，通体色彩鲜艳，十分美丽。高鳍刺尾鱼品种多样，以高鳍刺尾鱼、小高鳍刺尾鱼、黄高鳍刺尾鱼较为常见。不同品种间颜色略有差异，但各有千秋，都是人们非常喜爱的观赏鱼类。

高鳍刺尾鱼

高鳍刺尾鱼身体扁平，呈三角形，有较高的背鳍和臀鳍，体色具变异性，通体多分布着棕色和白色的环带，环带上又有数十条浅黄色细环带。高鳍刺尾鱼头部一般为白色，点缀着黄色斑点，有深棕色斑纹横过眼睛。其背鳍、臀鳍与身体颜色一致，并且分布着环状的白色窄斑纹，棕色的尾鳍上布满暗黄色小斑点。

独特的鳍

高鳍刺尾鱼的背鳍和臀鳍展开后像船撑起帆一样，所以它们也被称为"大帆倒吊"。幼年的大帆倒吊展开背鳍和臀鳍时，体高几乎是体长的两倍，游动时，如同在海里翩翩起舞的美丽蝴蝶。随着生长发育，大帆倒吊展开背鳍的次数逐渐减少，背鳍和臀鳍的高度与体长的比例也逐渐缩小。成年后，大帆倒吊只有在高度兴奋或受到外界刺激的时候才会展开美丽的鳍。

小高鳍刺尾鱼

　　小高鳍刺尾鱼又称"咖啡吊""黑三角吊""褐吊"。其体色会随着成长发生变化：幼鱼身体大部分为鲜黄色，随着成长，由身体后部向前逐渐变为黑褐色，尾巴附近也会逐渐出现蓝色条纹。它们通常栖息在茂盛的珊瑚丛中，主要以藻类为食，喜欢三两成群地进行活动。

黄高鳍刺尾鱼

　　黄高鳍刺尾鱼又称"黄金吊""黄三角吊"，是一种非常著名的观赏鱼。它们几乎通体呈鲜艳的黄色，胸鳍有狭窄的暗色边缘。黄高鳍刺尾鱼生活在亚热带珊瑚礁海域，以丝状藻等大型藻类为食，也捕食浮游动物。幼鱼通常在特定的区域活动，长成时才开始向更广阔的珊瑚礁水域漫游。成熟的黄高鳍刺尾鱼一般单独活动，也会结成松散小群活动。

回澜·拾贝

　　昼行性　黄高鳍刺尾鱼白天在海藻间穿梭，夜间则独自栖息于珊瑚礁的间隙中。

　　颜色改变　小高鳍刺尾鱼紧张时体色会变成黑色，兴奋时体色会变成白色。

　　分布　高鳍刺尾鲷主要分布在印度洋、太平洋海域，红海、日本海、澳大利亚东南部海域分布较多。

海中的京剧演员——小丑鱼

小丑鱼性情温和，是海洋中可爱的小精灵。它们身上各有一条或两条白色条纹，好似京剧中的丑角，所以得名"小丑鱼"。小丑鱼与海葵有着密不可分的共生关系，因此又被称为"海葵鱼"。

与海葵共生

海葵的触手有毒，但是小丑鱼却一点也不害怕，反而可以在海葵中自由出入。这是因为小丑鱼身体表面拥有特殊的黏液，能抵抗海葵的毒素。有了海葵的保护，小丑鱼不仅可以免受其他大鱼的攻击，还可以获取海葵吃剩的食物，并利用海葵的触手安心地筑巢、产卵。同时，小丑鱼的自由进出可以吸引其他鱼类靠近，不仅增加了海葵的捕食机会，也可防止残屑沉淀到海葵丛中。另外，小丑鱼还可以帮助海葵去除身上的坏死组织和寄生虫。小丑鱼和海葵这种紧密互利的关系在生物学中叫作"共生"。

领域性强

　　小丑鱼颇具领域观念，通常一对雌雄鱼会占据一个海葵，不允许其他同类进入。如果是一个大型海葵，它们也会允许其他一些幼鱼加入进来。在这样一个大家庭里，体格最强壮的是雌鱼，它和配偶雄鱼占主导地位。雌鱼会追逐、压迫其他成员，让它们只能在海葵周边不重要的角落里活动。

性别转变

　　如果家族中占主导地位的雌鱼不见了，原来那一对夫妻中的雄鱼会在数周内转变为雌鱼，并完全具有雌性的生理机能，然后再花更长的时间来改变外部特征，如体形和颜色，最后完全转变为雌鱼，而其他的雄鱼中又会产生一尾最强壮的成为它的配偶。

互亲互爱

　　小丑鱼喜欢过群居生活，常常几十只组成一个大家庭，有长幼尊卑之分。如果谁犯了错，大家都会冷落它。但是，如果谁受了伤，大家也会共同照顾它。小丑鱼就是这样互亲互爱地生活在一起的。

回澜·拾贝

　　栖息　小丑鱼是一种热带海水鱼，主要生活在珊瑚礁中，常和海葵共生。

　　食性　小丑鱼属杂食性鱼类，喜食小虾、浮游生物及藻类等。

　　种类　小丑鱼种类很多，主要有公子小丑鱼、红小丑鱼、黑双带小丑鱼、透红小丑鱼等。

水中的蝴蝶——镰鱼

　　镰鱼俗名"角蝶鱼""海神像"，属于暖水性鱼类，一般生活于礁盘浅水海域。由于身形优美、体色艳丽，镰鱼成为经久不衰的观赏鱼品种。镰鱼拥有黑、白、黄三大色块，明快的色彩、幽雅美丽的游泳姿势和镰刀一样高高树立的背鳍使它们透出一种不凡的气质。

名字由来

　　镰鱼的英文名的意思是"摩尔人的偶像"或"战神"。据说早期饲养这种鱼的欧洲人认为其面部很像那些被作为巫师处死的摩尔人，因而给它们取了这个名字。还有人认为这种鱼名字的由来和它们的产地有关系：1521年，麦哲伦的船队经新大陆到达菲律宾群岛，以腓力二世的名字将这里命名为"菲律宾"，将当地的土著人称为"摩尔人"。由于当地海域大量出产这种美丽的海水鱼，菲律宾人十分欣赏它们，因此这种鱼得名"摩尔人的偶像"。

体形特征

　　镰鱼外形独特，身体扁薄，体高大于体长，总体略呈菱形；体色通常呈淡黄色，分布着 3 条垂直的黑色条纹，色彩对比鲜明；吻部突出，呈管状，但不能随意伸缩；眼间生出尖锐的凸起；胸前发达，形成坚强的胸甲；胸鳍为圆形；背鳍末端延长为丝状，随着年龄增长而逐渐变短；臀鳍后缘垂直；尾鳍为黑色，具有白色边缘，看起来像月牙。

生活习性

镰鱼通常以小群形式出现，偶尔也会上百条聚集在一起。它们栖息的环境差异较大，从硬底质的浑浊港口和珊瑚礁平台到深及百米的干净珊瑚礁缘深沟，都有它们的踪迹。当遇到敌人或受到惊吓时，它们会迅速隐蔽于礁盘洞穴或缝隙中。夜晚的时候，镰鱼会在海底睡觉，为了不被天敌侵扰，体色会变成暗色。

成长改变

镰鱼幼鱼全身透明，腹部呈银白色，在外海区域过着漂流生活，被称为"灰镰鱼"。它们背鳍很长，吻很短，口角有刀形棘，但额上无角。随着成长，镰鱼幼鱼的外观和栖息环境会发生改变。幼鱼长到40毫米左右时，就可以进入珊瑚礁区生活。当体长达到75毫米时，幼鱼口角的刀形棘逐渐消失。成熟后，镰鱼会在额部出现突出的角，因此也被人们称为"角镰鱼"。

回澜·拾贝

分布 镰鱼主要分布于印度洋和太平洋浅水海域。

食物 幼鱼以浮游生物为食，长大后主要吃无脊椎动物和海藻。

牙齿 虽然镰鱼的形象很优雅，但若仔细观察，你就能发现其口中有尖利的牙齿。这些牙齿可以咬破脑珊瑚的体表，然后撕下吃掉。

狡猾的美人——蓝倒吊

蓝倒吊学名为"黄尾副刺尾鱼"，是倒吊中颜色鲜艳且体形较大的种类。蓝倒吊成鱼体长可达 31 厘米，幼鱼和成鱼在体形和花纹上基本保持一致。由于体色艳丽，它们成为水族馆里很受欢迎的鱼种。

体形特征

蓝倒吊身体侧扁，近椭圆形；身体大部分呈鲜艳的宝蓝色，体侧有深黑色的钩状斑；背鳍与臀鳍呈宝蓝色，分布着黑色边缘；尾柄与尾鳍为鲜黄色，尾鳍边缘为黑色，和鱼体的黑色区域相连，在鱼体后方隔离形成三角形的黄色区域。通常来说，蓝倒吊幼鱼体色非常鲜艳，随着成长体色逐渐变淡。

活动习性

蓝倒吊是大洋底栖性鱼类，偶尔独行，多数情况下结对或组成小群游动。在礁石附近，它们组群形成保护层，群中每位成员都有一柄尖利有毒的尾棘，用来对付潜在的猎食者，因此很少有猎食者会进入鱼群的中心捕食。它们也会和其他刺尾鱼科的鱼类聚集，如栉齿刺尾鱼、多板盾尾鱼、高鳍刺尾鱼等。

尾棘的作用

　　蓝倒吊的尾棘不仅可以用来防御敌人，当雄鱼相遇爆发冲突时，还可以起到警告对方的作用。当冲突不断升级时，蓝倒吊体表的蓝色就会发生改变。它们彼此贴近，试图用毒刺伤害对方，直到击败对方，胜利者通常会赢得较大的繁殖区域。

"装死"的骗术

　　当恐惧来袭时，蓝倒吊特别是其幼鱼会躲在珊瑚的枝杈间，把尾棘伸向珊瑚丛，并用珊瑚岬稳定姿态。这样做可以防止入侵者把它们拖出藏身之处。一旦被捕食者发现，它们就会倒在一边"装死"，常被捕食者误以为死亡而弃之不顾。

回澜·拾贝

　　分布　分布于泛太平洋热带海域。
　　栖息　栖息于有潮流经过的清澈的礁坪海域。
　　食物　杂食性，主要以浮游动物为食，有时也食用藻类。

透明的精灵——玻甲鱼

玻甲鱼也称"虾鱼""甲香鱼"，由于外形像剃刀一样，因此也被称为"剃刀鱼"。玻甲鱼身披透明铠甲，小巧玲珑，分布于热带海洋的近岸海区，通常结群在礁石区和海藻区游动嬉戏。

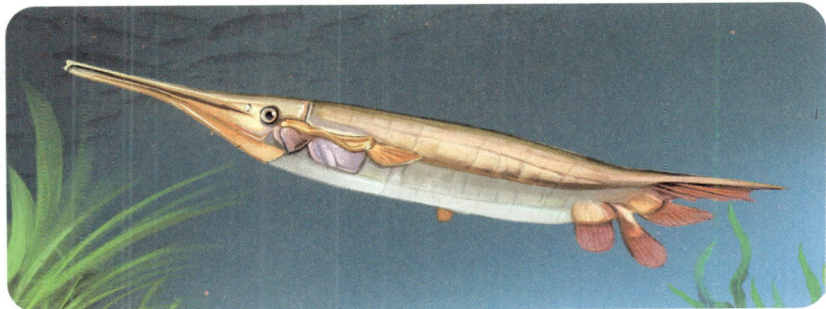

透明的精灵

玻甲鱼没有鳞片，通体覆盖着透明的甲片，呈淡青黄色，有的种类甚至全部无色透明。它们身体修长扁平，体长通常在 10 厘米左右；头部较小，有着像细管一样的吻，口部很小；腹部非常薄，让它们看起来像一把把剃刀；鳍条平整没有分支，背鳍位于靠近尾部处，尾鳍在第二背鳍与臀鳍之间，并且以较深的凹刻分离。

小 嘴

玻甲鱼的嘴非常小，位于细长的吻部前端，直径约有 1 毫米。这样的小嘴让玻甲鱼对饵料的大小要求非常严格。如果饵料过大，玻甲鱼就会无法进食。玻甲鱼非常饥饿时，会吞掉水里的小型虾类。但是，由于玻甲鱼吻部细长，因此经常有虾类卡在其吻部，影响玻甲鱼的生存。

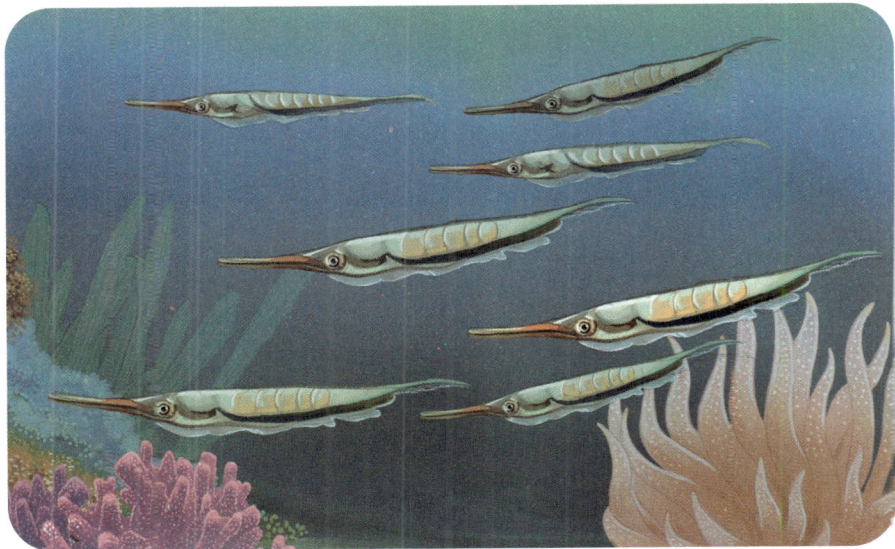

直立游泳

　　玻甲鱼全身被坚硬的甲片包裹，不利于它们扭动身体或摇摆尾巴。为了降低游动阻力，不被水流摆布，玻甲鱼进化出了直立的游泳方式。它们游动时可以把长长的吻垂直着向上或向下，挺起扁平的腹部，昂首挺胸地直立前进。倒立游动时，玻甲鱼可以用长吻在泥沙里探索食物。

条纹虾鱼

　　条纹虾鱼是玻甲鱼的一个品种，体侧有明显的黑色纵带。它们昼伏夜出，通常在夜晚成群游动在珊瑚丛里觅食。当遇到敌害时，条纹虾鱼一般会躲进海胆、珊瑚丛空隙里，并且将最薄的腹部朝外，以更好地躲避敌害。

回澜·拾贝

　　分布　玻甲鱼主要分布在印度洋和太平洋的暖水海域，在中国南海海域也有分布。

　　书签鱼　玻甲鱼体薄且透明，晒干后可做成书签，因此也被人们称作"书签鱼"。

　　尾部　玻甲鱼尾部可以弯曲，甚至可以折成直角。

珊瑚中的住客——雀鲷

雀鲷生活在热带海洋中，是十分美丽、观赏价值很高的小型珊瑚礁鱼类。雀鲷体形像鲷，但不属于鲷科，身躯很小，如麻雀般大，因此得名。雀鲷俗称"厚壳仔"，数量庞大，种类繁多。

以珊瑚礁为家

雀鲷通常以幼鱼和小型无脊椎动物为食。当食物缺乏时，它们会游到远处的珊瑚礁上。白天，雀鲷总是成群地盘旋在珊瑚礁上。当天敌出现时，它们就迅速钻进珊瑚丛中躲藏起来。危险过去，雀鲷又会钻出来觅食。夜幕降临，成群的雀鲷便各自选择珊瑚的缝隙过夜。有趣的是，它们竟然能根据自己身体的大小选择栖所。有些雀鲷终生在珊瑚礁中繁衍生息。

"第三只眼"

有些雀鲷的尾部区域有巨大的眼状斑点。其斑点能迷惑捕食者，让它们认为斑点是猎物的眼睛，并且在向相反的方向移动。如此，即使捕食者捕食成功，也往往不能伤害到雀鲷身体的主要部分。这就为雀鲷逃脱创造了机会。

船橹一样的胸鳍

大部分雀鲷体形较小，大的不过 10 厘米，小的仅有 2～3 厘米，身体略扁平。雀鲷有一项特殊的技能，那就是胸鳍可以来回摇摆，就像船橹一样，可以使雀鲷更好地控制身体的姿态、前进的方向。这种功能是雀鲷为了适应在珊瑚丛中钻来钻去的生活而特别演化出来的。

跳舞求偶

求偶期间，雄性雀鲷体色会加深，通常用求偶舞蹈来引诱雌鱼到事先建成的巢里产卵。雌鱼产下卵后，通常由雄鱼负责照顾及保卫工作。有些雀鲷能够转变性别。

回澜·拾贝

习性 雀鲷家族庞大，习性也较复杂。有的集结成群，喜欢吃浮游生物，如豆娘鱼；有的具有领域性，偏食草性，如真雀鲷属；有的专与海葵共生，如海葵鱼属。

种类 雀鲷种类很多，有亮蓝雀鲷、蓝雀鲷、三斑雀鲷等。身上有白色条纹的叫"小丑鱼"，黑白条纹相间的叫"宅泥鱼"。

几种美丽的热带鱼

　　在热带和部分温带海域，生活着一些具有观赏价值的鱼类。它们色彩绚丽、姿态万千、种类繁多，是广阔的海洋中亮丽的风景。

光彩夺目的体色

　　大部分热带鱼体色光彩夺目，不仅是为了漂亮，更是为了与其生活环境相融合。在热带海洋中生长着色彩缤纷的植物，穿梭在其中的热带鱼最好的伪装就是同样艳丽的体色。这可以让它们更好地躲避敌人，掩护自己休息、捕食和繁殖。

生活习性

　　热带海洋中充足的阳光、温暖的海水和丰富的食物为热带鱼提供了优质的生活环境。它们虽然外表漂亮，但大部分是肉食性，只有少数品种以海底的植物为食。热带鱼的生长和繁殖与水质、水温密切相关，如果温度降低或水被污染，热带鱼就容易生病或死亡。

美国草莓

　　"美国草莓"可不是我们平时吃的草莓，而是一种生活在红海珊瑚礁海域的美丽热带鱼。它们的身体呈纺锤形，通体颜色鲜艳，幼鱼的体色更是无比美丽，但不同个体间体色稍有差别。美国草莓在珊瑚礁间穿梭时，为海底世界增色不少。

五彩青蛙

　　"五彩青蛙"可不是青蛙，而是一种热带鱼。它们的身上有蓝、橘红以及绿等亮丽的颜色，花纹与蛙类相似。美丽的外表让它们有着不同寻常的魅力。它们有很强的领域性，同类之间也会发生争斗。

小丑炮弹

　　印度尼西亚至澳大利亚东部沿海的珊瑚礁区生活着一种鱼，它们的外形像炮弹，鲜明的色彩对比让其看起来像舞台上的小丑，所以被称为"小丑炮弹"。小丑炮弹通体呈灰褐色，吻部呈黄色，牙齿为白色；从眼睛后到第二背鳍之前的身体上半部有黄色鞍状斑，下半部有白色斑点；尾鳍像打开的扇子，大部分为白色，有黑色条纹边缘。它们睡觉或受到惊吓时会钻进珊瑚礁洞穴，并将背鳍和臀鳍撑直以防止被敌人掠食。

回澜·拾贝

　　分类　热带鱼分为淡水热带鱼和海水热带鱼。人们习惯上将热带、亚热带等地特有的观赏鱼类统称为"热带鱼"。

　　活动　小丑炮弹非常顽皮，喜欢追逐其他小鱼，经常在珊瑚礁区捕捉小猎物，偶尔会啃食珊瑚礁上的海葵。

　　硬骨鱼中这部分长相分外美丽迷人的成员活跃于世界范围内的热带浅海，在如万花绽放的珊瑚丛中来回穿梭、自由游动。这些鱼儿通常体形小巧，体色鲜艳，身姿灵活。其实，把外表变得更加靓丽是它们自我保护的一种有效方式。

PART 7

经济鱼类

　　海洋经济鱼类品种繁多，跳跃高手大麻哈鱼、游泳健将金枪鱼、优雅漂亮的黄花鱼等都是这个大家族中的成员。它们有较高的食用或药用价值，被广泛应用于食品加工、药品制造等领域。

金色石首鱼——黄花鱼

黄花鱼又叫"黄鱼"，身体呈金黄色。因为鱼头中耳石特别大，所以又被叫作"石首鱼"。黄花鱼分为大黄鱼和小黄鱼，是中国重要的海水经济鱼类。

体形特征

黄花鱼身体侧扁延长，呈金黄色。大黄鱼尾柄细长，鳞片较小，体长为40～50厘米，椎骨有25～27枚；小黄鱼尾柄较短，鳞片较大，体长为20厘米左右，椎骨有28～30枚。

鱼脑石

大黄鱼头中的两颗石头叫作"鱼脑石"，也叫作"耳石"，能起到传递声波和保持平衡的作用。如果将耳石磨成薄片，我们就可以看到一圈圈的同心圆，那是黄花鱼的年轮，记录着黄花鱼的年龄。

繁殖习性

大黄鱼通常栖息于较深海区，每年4—6月向近海洄游，产卵后分散在沿岸索饵，秋冬季节又向深海区迁移；小黄鱼春季向沿岸洄游，每年3—6月产卵后分散在近海索饵，秋末返回深海，冬季于深海越冬。产卵鱼群怕强光，喜欢逆流而上，喜好透明度较低的浑浊水域，黎明、黄昏或大潮时多上浮到海面，白天或小潮时下沉到海里。黄花鱼成鱼主要摄食小型鱼类及甲壳动物，生殖期摄食强度显著降低，生殖结束后摄食强度增加。

声 音

大黄鱼会发出"咯咯""呜呜"的间歇性声响，声音之大在鱼类中非常少见。它们主要依靠鳔以及两侧的声肌发声，声肌收缩时，会压迫内脏使鳔共振发声。一般认为，这种声音是鱼群间的联络信号，在生殖时期则作为鱼群集合的信号。渔民利用黄花鱼的这种习性发明了"音响集鱼法"。

经济价值

黄花鱼位列"中国四大经济鱼类"之首。它们肉质细嫩洁白，富含蛋白质、多种维生素和微量元素，具有非常高的营养价值，深受中国以及东南亚各国人民的喜爱。而且，这种鱼的鱼鳔可以入药，能够帮助人们有效预防癌症等疾病。

回澜·拾贝

分布
活动
大黄鱼分布于中国黄海南部、东海和南海，小黄鱼分布于中国黄海、渤海、东海及朝鲜西部海域。大黄鱼为暖温性近海集群洄游鱼类，主要栖息于80米以内的沿岸和近海水域的中下层。

马拉松游泳健将——金枪鱼

金枪鱼也叫"鲔鱼"，游泳速度非常快，足以和鲨鱼相媲美。虽然它们不是游速最快的鱼类，但是它们是唯一能够长距离快速游泳的大型鱼类，每天大概可以游230千米，可以称得上"马拉松游泳健将"。

形态特征

金枪鱼的身体呈纺锤形，横断面呈圆形，尾部肌肉强劲，尾鳍呈新月形。在金枪鱼高速游泳时，鱼鳍会收缩以减少阻力，新月形的尾部则助其快速地向前冲刺。另外，金枪鱼的肚皮下有发达的血管网，可以作为长途游泳时的体温调节装置。

游泳健将

金枪鱼的一生都在不停地游动。它们"旅行"的范围远达数千千米，有的还能跨洋远游，被称为"没有国界的鱼类"。

金枪鱼为什么要不停地游动？

金枪鱼的鳃肌已经退化，若停止游泳就会窒息。所以，金枪鱼必须开着口不停地游动，使水流经过鳃部而获取氧气。金枪鱼一生中只能不停地持续游泳，即使在夜间也不能休息。

比水温还高的体温

鱼类大多是冷血的，而金枪鱼却是热血的。它们的体温为33℃～35℃。肌肉收缩是金枪鱼体温升高的主要原因。金枪鱼的皮下有发达的血管网，快速游泳会使鱼脊柱两侧强有力的肌肉和皮肤上大量的血管网扩张，同时增加新陈代谢，调节体温。

经济价值

金枪鱼肉质肥美，富含多种矿物质和微量元素，尤其是所含的氨基酸种类非常齐全。人们经常把它们制作成海鲜料理、鱼肉罐头等营养丰富的食品。另外，这种鱼还具有保护肝脏、降低胆固醇、预防缺铁性贫血的药用功效。

回澜·拾贝

食物 金枪鱼的猎物种类较多，乌贼、螃蟹、鳗鱼、虾等海洋动物都是它们的佳肴。为了补充不停游动及旺盛的新陈代谢所消耗的能量，金枪鱼必须不断地进食。

物种威胁 由于经济价值高，金枪鱼遭到人们的过度捕捞，种群数量已经受到威胁。虽然人们已开始采取管制措施，但成效相当有限。

凶猛残暴，快如闪电——海鳗

海鳗家族庞大，共有 4 属 8 种。它们长得像蛇，不同品种间外形稍有差异。海鳗游速快如闪电，捕食方式非常奇特，是海洋里出色的猎手之一。海鳗科鱼类中，海鳗、山口海鳗数量多、产量大，是重要的食用经济鱼类。

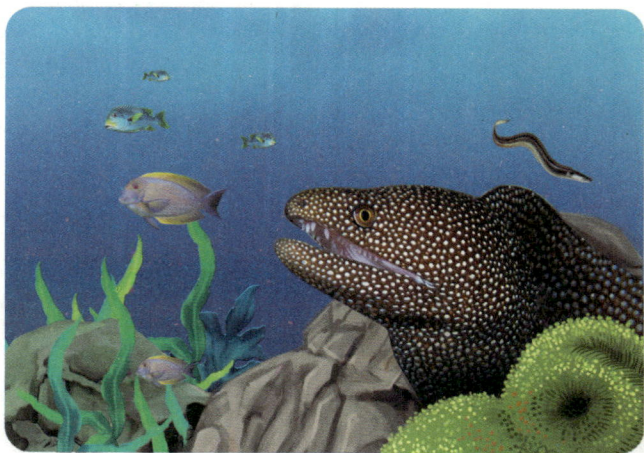

身形特征

海鳗身体粗壮，呈长圆筒形，尾部侧扁，身体长达 1 米左右，尾巴的长度要大于头和躯干的长度之和。海鳗头尖长，眼睛椭圆，口大，舌附于口底。它们的上颌牙强大锐利，凸出在唇边，使它们看起来犹如凶神恶煞。海鳗身体为黄褐色，体表没有鳞，背鳍、臀鳍和尾鳍连在一起。

隐藏在咽喉后部的内颌

吸食猎物

海鳗的捕食方式非常特殊。与其他食肉动物的撕咬不同，发现猎物时，海鳗会以闪电般的速度靠近，利用有锋利牙齿的下颌夹住猎物，同时隐藏在咽喉后部的内颌就会"跳出来"，直接将猎物拖入腹中。海鳗这种"吸食"的方式与科幻电影中外星怪物的捕食方式非常类似。目前，人们还没有发现自然界中有其他生物采用这种捕食方式。海鳗非常执着，只要用锋利的牙齿咬住猎物，就不会松开。

习 性

海鳗为暖水性的底层鱼类，一般喜栖息于水深 50 ～ 80 米的泥沙底海区，有季节性洄游的习性。晴天，风平浪静，海水透明度大时，它们一般栖居于泥质洞穴里，很少外出觅食。每当风浪大、水质浑浊时，海鳗多四处游动猎取食物，尤其在黄昏至凌晨时更加活跃，游动迅速。它们的食物以虾、蟹、小鱼、章鱼为主。

食用价值

海鳗肉厚、质细、味美，含脂量高，可供鲜食或制成咸干品与罐头。海鳗肉可与其他鱼肉掺和制成鱼丸和鱼香肠，味道鲜美而富有弹性。晒干品"鳗鲞鲞"和干制海鳗鳔都是食用佳品。

回澜·拾贝

洄游　海鳗有明显的洄游习性，在东海和黄海的中国近海可分为 3 个群，每个群的洄游时间和洄游地均不同。

凶恶　海鳗会袭击在深海中的潜水员或采集海产品的人。它们会紧紧咬住人的腿或胳膊。有些种类的海鳗有毒，哪怕是被其咬一小口，人也会有危险。

鳗鱼节　日本每年都有一个鳗鱼节。这一天，日本列岛几乎家家户户吃鳗鱼饭，大街上到处飘散着鳗鱼的香味。

跳跃高手——大麻哈鱼

大麻哈鱼是著名的冷水性溯河产卵洄游鱼类，也是珍贵的经济鱼类。大麻哈鱼素以肉质鲜美、营养丰富著称于世，历来被人们视为名贵鱼类。

溯河洄游繁殖

大麻哈鱼产卵期为8月至翌年1月。在生殖季节，大麻哈鱼会成群结队地离开海洋进入江河，溯流而上，准备回到自己出生的地方。为了繁殖后代，它们几乎是不顾一切，迎着严寒，穿过激流，跃过险滩……由于时间集中、鱼群集中，中途稍有阻塞，鱼群便前赴后继、蜂拥成团，形成壮丽的自然奇观。产完卵的大麻哈鱼体无完肤，血肉模糊，一批批地死去，非常悲壮。

变化的体色

大麻哈鱼刚进入江河时，因为身体内储存了充足的养分，所以具有健康而优美的外形，身体呈银白色，间或散布有小黑点；经过长途跋涉，接近产卵场时，它们外部形态有了显著变化，银白的色彩消失，变为暗赤褐色。到了江河的上游，大麻哈鱼背上的皮肤变得相当肥厚，呈海绵状，鳞被埋在中间，体表上生出红色和橙色的斑点与斑纹，并出现被白圈包围着的黑点。这个时期的雄鱼又叫"红鱼"，而黑色强壮的成熟雌鱼被称为"黑鱼"。

经济价值

大麻哈鱼体大肥壮，肉质细腻，味道鲜美，营养价值高，可鲜食，也可胶制、熏制，加工成罐头。盐渍鱼卵即有名的"红色籽"，备受欧美各国大众的欢迎。

回澜·拾贝

历史 科学家们通过对古化石的研究证明，大麻哈鱼在1亿多年前就已经生存在这个地球上了。

营养 大麻哈鱼除了是高蛋白、低热量的健康食品，还含有多种维生素以及钙、铁、锌、镁、磷等矿物质，并且含有丰富的不饱和脂肪酸。

冰水中的栖息者——鳕鱼

鳕鱼是一种重要的世界性、冷水性海洋鱼类，多分布在北半球寒冷地区，少数在南半球。它们广泛分布于大西洋和太平洋北部水域，个别种类如江鳕栖于江河。

品 种

纯正鳕鱼指鳕属鱼类，分为大西洋鳕鱼、格陵兰鳕鱼和太平洋鳕鱼。通常的鳕鱼概念扩大到鳕科鱼类，有50多种。它们中大多数分布于大西洋北部大陆架海域，重要鱼种有黑线鳕、蓝鳕、绿青鳕、牙鳕、挪威长臂鳕和狭鳕等。

习 性

鳕鱼大部分生活在太平洋、大西洋北部水温0℃～16℃的寒冷海域。它们集群性生活，取食范围广、食量大，主要以其他鱼类及无脊椎动物为食。鳕鱼不但吃得多，而且长得快。鳕鱼繁殖力很强，体长1米左右的雌鱼一次可产300万～400万粒卵。

大西洋鳕鱼

大西洋鳕鱼生活在大西洋北部，是一种冷水鱼。它们喜欢成群游动，最大可以长到2米。大西洋鳕鱼不仅体形大，产量也很高。据说在鳕鱼鱼汛的时候，人们可以踩着它们的背在海面上行走。大西洋鳕鱼会根据水温、食物供应和繁殖地变化进行季节性迁徙，迁徙时随温暖水流成群游动。大西洋鳕鱼为高经济价值的食用鱼，全世界年捕捞量位居前列。作为商业鱼种，其主要出口国是加拿大、冰岛、英国、波兰、挪威及俄罗斯，日本产地主要在北海道。

南极鳕鱼

世界上最不怕冷的鱼是南极鳕鱼。它们体长可达40厘米，体重能达几千克。在南极寒冷的冰水中，它们能够冻而不僵。原来，南极鳕鱼的血液中有一种叫作"抗冻蛋白"的特殊生物化学物质，功效和汽车的防冻剂相似。因此，南极鳕鱼有惊人的抗低温能力，能够在南极寒冷的冰水中若无其事地游来游去。

经济价值

鳕鱼是世界著名的海产经济鱼类之一，不少国家把鳕鱼作为主要的食用鱼类。在欧洲北部，鳕鱼素有"餐桌上的营养师"的美誉。此外，鳕鱼还是加工水产食品、提取鱼肝油、制造药品的重要原料。

回澜·拾贝

形态　鳕鱼头大、口大，体延长，稍侧扁，尾部向后渐细。鳕鱼体色多样，从淡绿或淡灰到褐色或淡黑，也可为暗淡红色到鲜红色，头、背及体侧为灰褐色，并有不规则深褐色斑纹，腹面为灰白色。

经济鱼类是硬骨鱼家族的重要组成部分。这类鱼外表既不张扬也不个性，大都比较普通。而且，它们当中的许多成员有群居习性，喜欢成群洄游或活动。

大白鲨

分类	鼠鲨目鼠鲨科
分布	热带、亚热带和温带海洋
食物	鱼类、海龟、海鸟、海狮
繁殖	卵胎生

双髻鲨

分类	真鲨目双髻鲨科
分布	太平洋、印度洋、大西洋
食物	食物复杂
繁殖	卵胎生

天使鲨

分类	扁鲨目扁鲨科
分布	太平洋东部
食物	底栖鱼类、乌贼
繁殖	卵胎生

牛 鲨

分类	真鲨目真鲨科
分布	热带、亚热带海域；淡水
食物	肉食
繁殖	卵胎生

长尾鲨

分类	鼠鲨目长尾鲨科
分布	热带、温带海洋
食物	乌贼、集群性鱼类
繁殖	卵胎生

叶须鲨

分类	须鲨目须鲨科
分布	热带、亚热带水域；底栖
食物	鱼类、软体动物或甲壳类
繁殖	卵胎生

戟齿锥齿鲨

分类	虎鲨目虎鲨科
分布	太平洋、印度洋、大西洋
食物	食物复杂
繁殖	卵胎生

灰鲭鲨

分类	鼠鲨目鲸鲨科
分布	温带及热带的离岸海域；暖水性上层鱼类
食物	金枪鱼、旗鱼等鱼类
繁殖	卵胎生

远洋白鳍鲨

分类	真鲨目真鲨科
分布	热带和温暖海域上层
食物	肉食性，食谱范围较广，包括鱼类、甲壳类和软体动物等
繁殖	胎生

鲸鲨
分类	须鲨目长鲸鲨科
分布	热带、温带海洋；暖温性大洋海区的中上层
食物	浮游生物、巨大的藻类、磷虾、小型游泳动物
繁殖	卵胎生

长吻锯鲨
分类	锯鲨目锯鲨科
分布	热带、温带、寒带到北极海域；海底约 40 米处
食物	小鱼、甲壳类动物、其他深海无脊椎动物
繁殖	卵胎生

蝠鲼
分类	燕𫚉目鲼科
分布	热带、亚热带浅海区域
食物	浮游生物、小鱼
繁殖	卵胎生

姥鲨
分类	鼠鲨目姥鲨科
分布	太平洋、印度洋和大西洋的温带及亚寒带海区；外海大洋性上层鱼类
食物	浮游生物
繁殖	卵胎生

豹纹鲨
分类	须鲨目长豹纹鲨科
分布	太平洋西部热带海域，大堡礁、印度洋西北部海域及中国东海、南海；暖海性底栖
食物	无脊椎动物、小鱼
繁殖	卵生

飞鱼
分类	颌针鱼目飞鱼科
分布	热带及暖温带海域
食物	浮游生物
繁殖	卵生

巨口鲨
分类	鼠鲨目巨口鲨科
分布	印度洋、太平洋、大西洋
食物	浮游动物、中层水域鱼类
繁殖	卵胎生

鳐鱼
分类	软骨鱼纲鳐形目
分布	热带、温带海洋；底栖
食物	软体动物、甲壳类和鱼类
繁殖	卵生、卵胎生或假胎生

深海龙鱼
分类	巨口鱼目
分布	温带和热带海洋的深水海域
食物	甲壳类、鱼类
繁殖	卵生

佛氏虎鲨
分类	虎鲨目虎鲨科
分布	东太平洋区，温带和亚热带水域
食物	无脊椎动物、鱼类
繁殖	卵生

电鳐
分类	软骨鱼纲电鳐目
分布	沿海，黄海、渤海常见；底栖
食物	鱼类、无脊椎动物
繁殖	卵胎生

射水鱼
分类	鲈形目射水鱼科
分布	印度洋—太平洋热带沿海和淡水中
食物	昆虫
繁殖	卵生

条纹狗鲨
分类	须鲨目须鲨科
分布	印度—西太平洋海区
食物	无脊椎动物、小鱼
繁殖	卵生

锯鳐
分类	锯鳐目锯鳐科
分布	热带、亚热带各近岸海区和各大河口
食物	鱼类
繁殖	卵胎生

鲫鱼
分类	鲈形目鲫科
分布	太平洋、印度洋、大西洋的温带海域
食物	浮游生物、食物残渣、小鱼和无脊椎动物
繁殖	卵生

刺 鱼

分类	刺鱼目刺鱼科
分布	美洲沿岸和欧洲、亚洲沿岸，太平洋北部以及黑龙江等
食物	浮游动物、小型昆虫、其他鱼的卵等，食物较复杂
繁殖	卵生

弹涂鱼

分类	鲈形目背眼虾虎鱼亚科
分布	东南亚等地的红树林湿地地区
食物	滩涂上的底栖藻类、小昆虫等小型生物
繁殖	卵生

箱 鲀

分类	鲀形目箱鲀科
分布	印度洋、太平洋和大西洋的热带及亚热带海域
食物	藻类、海草和小型底栖动物
繁殖	卵生

苏眉鱼

分类	鲈形目隆头鱼科
分布	珊瑚礁中
食物	无脊椎动物和鱼类
繁殖	卵生

蝴蝶鱼

分类	鲈形目蝴蝶鱼科
分布	太平洋、东非至日本等海域
食物	多毛类、小型甲壳类动物（端足类、虾类）、小型鱼类
繁殖	卵生

刺 鲀

分类	鲀形目刺鲀科
分布	热带海域
食物	珊瑚、贝类、虾、蟹等
繁殖	卵生

灯笼鱼

分类	脂鲤目脂鲤科
分布	南美洲的圭亚那和亚马孙河流域
食物	小型浮游生物
繁殖	卵生

石斑鱼

分类	鲈形目鲈亚科鮨科
分布	太平洋、印度洋和大西洋
食物	鱼类、虾、蟹、端足类等
繁殖	卵生

梭 鱼

分类	鲈形目鲻科
分布	太平洋、印度洋、大西洋
食物	鱼类和头足类、小型浮游动物
繁殖	卵生

光睑鲷

分类	鲈形目
分布	红海和印度洋较深的珊瑚礁上
食物	小型甲壳动物、蠕虫
繁殖	卵生

天竺鲷

分类	鲈形目天竺鲷科
分布	全球热带和亚热带海域
食物	浮游动物、小型底栖动物或小鱼
繁殖	卵生

箭 鱼

分类	鲈形目剑鱼科
分布	太平洋、印度洋、大西洋
食物	鱼类和头足类、小型浮游动物
繁殖	卵生

蝰 鱼

分类	巨口鱼目巨口鱼科
分布	大西洋、印度洋、太平洋
食物	中小型鱼类和甲壳类
繁殖	卵生

后颌鱼

分类	鲈形目后颌鱼科
分布	大西洋、印度洋及太平洋东西两岸
食物	底栖无脊椎动物
繁殖	卵生

旗 鱼

分类	鲈形目旗鱼科
分布	热带和温带海域
食物	鲭鱼、乌贼、秋刀鱼等
繁殖	卵生

躄鱼

分类　鮟鱇目躄鱼科
分布　印度—西太平洋
食物　小鱼及底栖甲壳类
繁殖　卵生

海马

分类　刺鱼目海龙科
分布　大西洋、太平洋、澳大利亚附近海域
食物　幼虾、小鱼或浮游生物
繁殖　卵生

叶海龙

分类　海龙目海龙科
分布　澳大利亚南部及西部海域
食物　小型甲壳类、浮游生物
繁殖　卵生

草海龙

分类　棘背鱼目海龙科
分布　澳洲南部近海
食物　磷虾
繁殖　卵生

角高体金眼鲷

分类　金眼鲷目
分布　热带和温带海洋深处
食物　幼鱼吃甲壳动物，成年鱼吃鱼
繁殖　卵生

石头鱼

分类　鲉形目毒鲉科
分布　18℃～25℃杂藻丛生的大海岩礁底层
食物　小型鱼类与甲壳动物等
繁殖　卵生

鮟鱇

分类　鮟鱇目鮟鱇科
分布　大西洋、太平洋和印度洋
食物　虾类、石首鱼、鲂、鳐、虎鱼等
繁殖　卵生

宽咽鱼

分类　囊鳃鳗目宽咽鱼科
分布　大西洋、印度洋及太平洋深海
食物　缓慢游动的小鱼、小虾
繁殖　卵生

翻车鱼

分类　鲈形目翻车鲀科
分布　各热带、亚热带海洋，也见于温带或寒带海洋
食物　小鱼、甲壳动物、浮游生物
繁殖　卵生

狮子鱼

分类　鲉形目鲉科
分布　印度—西太平洋暖水海域
食物　甲壳动物，小鱼
繁殖　卵生

鹦鹉鱼

分类　鲈形目鹦嘴鱼科
分布　西太平洋，西印度洋，红海，中国浙江、上海、海南、广东等地
食物　小型底栖动物
繁殖　卵生

蝙蝠鱼

分类　鮟鱇目蝙蝠鱼科
分布　全球范围内的热带以及温带海域中
食物　浮游微生物

管口鱼

分类　刺鱼目管口鱼科
分布　印度—泛太平洋海域
食物　小鱼、虾
繁殖　卵生

裂唇鱼

分类　鲈形目隆头鱼科
分布　印度洋至太平洋海域
食物　其他鱼身上的寄生虫、甲壳类
繁殖　卵生

深海斧头鱼

分类　胸斧鱼科
分布　热带和温带海域
食物　肉食性
繁殖　卵生

银鲛

分类	银鲛目银鲛科
分布	各大洋的暖、冷水区域
食物	多毛类、小型甲壳类动物、小型鱼等
繁殖	卵生

海水神仙鱼

分类	棘蝶鱼科
分布	西太平洋珊瑚礁海域
食物	小型动物、植物
繁殖	卵生

高鳍刺尾鱼

分类	鲈形目刺尾鱼科
分布	印度太平洋海域珊瑚礁区
食物	藻类、虾蟹、珊瑚虫等
繁殖	卵生

小丑鱼

分类	鲈形目雀鲷科
分布	印度洋—太平洋，红海，北至日本南部，南至澳洲、悉尼等
食物	小虾、浮游生物及藻类等
繁殖	卵生

镰鱼

分类	鲈形目镰鱼科
分布	印度洋和太平洋浅水海域以及中国西沙群岛、南沙群岛附近水域
食物	幼鱼以浮游生物为食，长大后主要吃无脊椎动物和海藻
繁殖	卵生

蓝倒吊

分类	鲈形目刺尾鱼科
分布	泛太平洋热带海域
食物	浮游动物、藻类
繁殖	卵生

玻甲鱼

分类	刺鱼目玻甲鱼科
分布	印度洋和太平洋的暖水海域，在中国南海海域也有分布
食物	枝角类、桡足类等小型浮游动物
繁殖	卵生

雀鲷

分类	鲈形目雀鲷科
分布	大西洋和印度洋—太平洋热带水域
食物	幼鱼和小型无脊椎动物
繁殖	卵生

五彩青蛙

分类	鲈形目
分布	印度洋附近以及中国东海与澳大利亚北部之间
食物	细小的甲壳类及其他无脊椎动物
繁殖	卵生

小丑炮弹

分类	鲀形目鳞鲀科
分布	印度尼西亚至澳大利亚东部沿岸海域
食物	小型甲壳类及软体动物
繁殖	卵生

LIST OF FISH FEATURE 鱼类特征一览表

跳跃能力出众的鱼类

长尾鲨：有共生伙伴，能跳出水面，比较凶猛。

灰鲭鲨：能够跃出水面，速度惊人，卵胎生。

蝠鲼：能够跃出水面、滑翔。

飞鱼：能够跃出水面、滑翔。

射水鱼：捕食技艺高超，同样能跃出水面30厘米。

大麻哈鱼：有洄游习性，能跃出水面1～2米高，体色有时能变化。

寄生生活的鱼类

鲫鱼：经常吸附在海洋生物的身上免费旅行，抢食它们的食物。

七鳃鳗：有寄生习性。

盲鳗：寄生。

有毒的鱼类

箱鲀：有毒性。

石头鱼：面貌丑陋，长有毒刺，擅长伪装。

狮子鱼：美丽，有毒，喜欢伪装。

蓝倒吊：有毒，比较狡猾，时常装死。

发光的深海鱼类

深海龙鱼： 能通过发光捕食。

灯笼鱼和光睑鲷： 能在深海里发光。

蛙鱼： 身上有多处发光器，捕猎技术高超。

宽咽鱼： 相貌奇特，能在深海里发光。

鮟鱇： 长相丑陋，能发光，擅长伪装。

深海斧头鱼： 长相怪异，身上有发光器。

速游高手

锯鳐： 性情凶猛，行动敏捷，喜欢横冲直撞。

海鳗： 游速快如闪电，是出色的猎手。

旗鱼： 短距离游泳冠军，喜欢横冲直撞，攻击性强。

金枪鱼： 擅长长距离快速游泳。

箭鱼： 游速很快，能从水中跃起。

擅长伪装的鱼类

蝴蝶鱼、石斑鱼： 擅长伪装，体色能改变。

躄鱼： 擅长伪装，能变色、隐身。

草海龙： 伪装性较高。

管口鱼： 擅长伪装，体色能随环境变化而变化。

袭击人类的鲨鱼

大白鲨： 富有攻击性，会袭击冲浪者和潜水员。

牛鲨： 非常好斗，会捕食包括大白鲨和人类在内的一切食物。

戟齿锥齿鲨： 个性贪婪，食性复杂，偶尔会袭击人类。

双髻鲨： 比较凶狠，受到惊吓和刺激时会向人类发动进攻。

远洋白鳍鲨： 行动相对缓慢，但对人类来说同样非常危险。

图书在版编目（CIP）数据

多彩海鱼 / 盖广生总主编 .— 青岛: 青岛出版社，2016.10（2024.3 重印）

（认识海洋丛书）

ISBN 978-7-5552-4684-8

Ⅰ.①多… Ⅱ.①盖… Ⅲ.①海产鱼类 – 普及读物 Ⅳ.① Q959.4–49

中国版本图书馆 CIP 数据核字 (2016) 第 230512 号

多彩海鱼

DUOCAI HAIYU

书　　名	多彩海鱼
总 主 编	盖广生
出版发行	青岛出版社（青岛市崂山区海尔路 182 号）
本社网址	http://www.qdpub.com
邮购电话	0532-68068026
策　　划	张化新
责任编辑	朱凤霞　宋　磊
美术编辑	张　晓
装帧设计	央美阳光
制　　版	青岛艺鑫制版印刷有限公司
印　　刷	青岛新华印刷有限公司
出版日期	2019 年 4 月第 2 版　2024 年 3 月第 6 次印刷
开　　本	20 开（889 mm × 1194 mm）
印　　张	8
字　　数	160 千
图　　数	180 幅
书　　号	ISBN 978-7-5552-4684-8
定　　价	36.00 元

编校印装质量、盗版监督服务电话：4006532017

本书建议陈列类别：科普／青少年读物